国家出版基金项目
NATIONAL PUBLICATION FOUNDATION

"十二五"国家重点出版规划项目

雷达与探测前沿技术丛书

毫米波辐射无源探测技术

Millimeter-wave Radiometric Passive Detection Technology

高昭昭 孟建 华云 等编著

国防工业出版社

·北京·

内 容 简 介

毫米波辐射无源探测是指通过接收和处理目标在毫米波频段的热辐射信号来实现目标探测的方式。本书共分7章,主要内容有:毫米波辐射无源探测技术概念简述,微波辐射测量的技术原理,微波辐射测量的工程基础知识,毫米波辐射无源探测基础理论,毫米波辐射探测处理方法与系统设计,毫米波辐射无源探测新技术应用展望等。

本书适于从事电子对抗、雷达、遥感、电子工程与毫米波应用等领域的工程技术人员,以及大专院校相关专业的学生和科研人员学习和参考。

图书在版编目(CIP)数据

毫米波辐射无源探测技术 / 高昭昭等编著. —北京 : 国防工业出版社,2017.12
(雷达与探测前沿技术丛书)
ISBN 978 - 7 - 118 - 11486 - 7

Ⅰ.①毫… Ⅱ.①高… Ⅲ.①大气无源探测 - 雷达探测 - 研究 Ⅳ.①P412②TN953

中国版本图书馆 CIP 数据核字(2018)第 008358 号

※

国防工业出版社出版发行
(北京市海淀区紫竹院南路 23 号　邮政编码 100048)
天津嘉恒印务有限公司印刷
新华书店经售

*

开本 710 × 1000　1/16　印张 13　字数 222 千字
2017 年 12 月第 1 版第 1 次印刷　印数 1—3000 册　定价 68.00 元

(本书如有印装错误,我社负责调换)

国防书店:(010)88540777　　　发行邮购:(010)88540776
发行传真:(010)88540755　　　发行业务:(010)88540717

总　序

雷达在第二次世界大战中初露头角。战后,美国麻省理工学院辐射实验室集合各方面的专家,总结战争期间的经验,于1950年前后出版了一套雷达丛书,共28个分册,对雷达技术做了全面总结,几乎成为当时雷达设计者的必备读物。我国的雷达研制也从那时开始,经过几十年的发展,到21世纪初,我国雷达技术在很多方面已进入国际先进行列。为总结这一时期的经验,中国电子科技集团公司曾经组织老一代专家撰著了"雷达技术丛书",全面总结他们的工作经验,给雷达领域的工程技术人员留下了宝贵的知识财富。

电子技术的迅猛发展,促使雷达在内涵、技术和形态上快速更新,应用不断扩展。为了探索雷达领域前沿技术,我们又组织编写了本套"雷达与探测前沿技术丛书"。与以往雷达相关丛书显著不同的是,本套丛书并不完全是作者成熟的经验总结,大部分是专家根据国内外技术发展,对雷达前沿技术的探索性研究。内容主要依托雷达与探测一线专业技术人员的最新研究成果、发明专利、学术论文等,对现代雷达与探测技术的国内外进展、相关理论、工程应用等进行了广泛深入研究和总结,展示近十年来我国在雷达前沿技术方面的研制成果。本套丛书的出版力求能促进从事雷达与探测相关领域研究的科研人员及相关产品的使用人员更好地进行学术探索和创新实践。

本套丛书保持了每一个分册的相对独立性和完整性,重点是对前沿技术的介绍,读者可选择感兴趣的分册阅读。丛书共41个分册,内容包括频率扩展、协同探测、新技术体制、合成孔径雷达、新雷达应用、目标与环境、数字技术、微电子技术八个方面。

(一) 雷达频率迅速扩展是近年来表现出的明显趋势,新频段的开发、带宽的剧增使雷达的应用更加广泛。本套丛书遴选的频率扩展内容的著作共4个分册:

(1)《毫米波辐射无源探测技术》分册中没有讨论传统的毫米波雷达技术,而是着重介绍毫米波热辐射效应的无源成像技术。该书特别采用了平方千米阵的技术概念,这一概念在用干涉式阵列基线的测量结果来获得等效大口径阵列效果的孔径综合技术方面具有重要的意义。

（2）《太赫兹雷达》分册是一本较全面介绍太赫兹雷达的著作，主要包括太赫兹雷达系统的基本组成和技术特点、太赫兹雷达目标检测以及微动目标检测技术，同时也讨论了太赫兹雷达成像处理。

（3）《机载远程红外预警雷达系统》分册考虑到红外成像和告警是红外探测的传统应用，但是能否作为全空域远距离的搜索监视雷达，尚有诸多争议。该书主要讨论用监视雷达的概念如何解决红外极窄波束、全空域、远距离和数据率的矛盾，并介绍组成红外监视雷达的工程问题。

（4）《多脉冲激光雷达》分册从实际工程应用角度出发，较详细地阐述了多脉冲激光测距及单光子测距两种体制下的系统组成、工作原理、测距方程、激光目标信号模型、回波信号处理技术及目标探测算法等关键技术，通过对两种远程激光目标探测体制的探讨，力争让读者对基于脉冲测距的激光雷达探测有直观的认识和理解。

（二）传输带宽的急剧提高，赋予雷达协同探测新的使命。协同探测会导致雷达形态和应用发生巨大的变化，是当前雷达研究的热点。本套丛书遴选出协同探测内容的著作共 10 个分册：

（1）《雷达组网技术》分册从雷达组网使用的效能出发，重点讨论点迹融合、资源管控、预案设计、闭环控制、参数调整、建模仿真、试验评估等雷达组网新技术的工程化，是把多传感器统一为系统的开始。

（2）《多传感器分布式信号检测理论与方法》分册主要介绍检测级、位置级（点迹和航迹）、属性级、态势评估与威胁估计五个层次中的检测级融合技术，是雷达组网的基础。该书主要给出各类分布式信号检测的最优化理论和算法，介绍考虑到网络和通信质量时的联合分布式信号检测准则和方法，并研究多输入多输出雷达目标检测的若干优化问题。

（3）《分布孔径雷达》分册所描述的雷达实现了多个单元孔径的射频相参合成，获得等效于大孔径天线雷达的探测性能。该书在概述分布孔径雷达基本原理的基础上，分别从系统设计、波形设计与处理、合成参数估计与控制、稀疏孔径布阵与测角、时频相同步等方面做了较为系统和全面的论述。

（4）《MIMO 雷达》分册所介绍的雷达相对于相控阵雷达，可以同时获得波形分集和空域分集，有更加灵活的信号形式，单元间距不受 $\lambda/2$ 的限制，间距拉开后，可组成各类分布式雷达。该书比较系统地描述多输入多输出（MIMO）雷达。详细分析了波形设计、积累补偿、目标检测、参数估计等关键技术。

（5）《MIMO 雷达参数估计技术》分册更加侧重讨论各类 MIMO 雷达的算法。从 MIMO 雷达的基本知识出发，介绍均匀线阵，非圆信号，快速估计，相干目标，分布式目标，基于高阶累计量的、基于张量的、基于阵列误差的、特殊阵列结构的 MIMO 雷达目标参数估计的算法。

（6）《机载分布式相参射频探测系统》分册介绍的是 MIMO 技术的一种工程应用。该书针对分布式孔径采用正交信号接收相参的体制，分析和描述系统处理架构及性能、运动目标回波信号建模技术，并更加深入地分析和描述实现分布式相参雷达杂波抑制、能量积累、布阵等关键技术的解决方法。

（7）《机会阵雷达》分册介绍的是分布式雷达体制在移动平台上的典型应用。机会阵雷达强调根据平台的外形，天线单元共形随遇而布。该书详尽地描述系统设计、天线波束形成方法和算法、传输同步与单元定位等关键技术，分析了美国海军提出的用于弹道导弹防御和反隐身的机会阵雷达的工程应用问题。

（8）《无源探测定位技术》分册探讨的技术是基于现代雷达对抗的需求应运而生，并在实战应用需求越来越大的背景下快速拓展。随着知识层面上认知能力的提升以及技术层面上带宽和传输能力的增加，无源侦察已从单一的测向技术逐步转向多维定位。该书通过充分利用时间、空间、频移、相移等多维度信息，寻求无源定位的解，对雷达向无源发展有着重要的参考价值。

（9）《多波束凝视雷达》分册介绍的是通过多波束技术提高雷达发射信号能量利用效率以及在空、时、频域中减小处理损失，提高雷达探测性能；同时，运用相位中心凝视方法改进杂波中目标检测概率。分册还涉及短基线雷达如何利用多阵面提高发射信号能量利用效率的方法；针对长基线，阐述了多站雷达发射信号可形成凝视探测网格，提高雷达发射信号能量的使用效率；而合成孔径雷达（SAR）系统应用多波束凝视可降低发射功率，缓解宽幅成像与高分辨之间的矛盾。

（10）《外辐射源雷达》分册重点讨论以电视和广播信号为辐射源的无源雷达。详细描述调频广播模拟电视和各种数字电视的信号，减弱直达波的对消和滤波的技术；同时介绍了利用 GPS（全球定位系统）卫星信号和 GSM/CDMA（两种手机制式）移动电话作为辐射源的探测方法。各种外辐射源雷达，要得到定位参数和形成所需的空域，必须多站协同。

（三）以新技术为牵引，产生出新的雷达系统概念，这对雷达的发展具有里程碑的意义。本套丛书遴选了涉及新技术体制雷达内容的 6 个分册：

（1）《宽带雷达》分册介绍的雷达打破了经典雷达 5MHz 带宽的极限，同时雷达分辨力的提高带来了高识别率和低杂波的优点。该书详尽地讨论宽带信号的设计、产生和检测方法。特别是对极窄脉冲检测进行有益的探索，为雷达的进一步发展提供了良好的开端。

（2）《数字阵列雷达》分册介绍的雷达是用数字处理的方法来控制空间波束，并能形成同时多波束，比用移相器灵活多变，已得到了广泛应用。该书全面系统地描述数字阵列雷达的系统和各分系统的组成。对总体设计、波束校准和补偿、收/发模块、信号处理等关键技术都进行了详细描述，是一本工程性较强的著作。

（3）《雷达数字波束形成技术》分册更加深入地描述数字阵列雷达中的波束形成技术，给出数字波束形成的理论基础、方法和实现技术。对灵巧干扰抑制、非均匀杂波抑制、波束保形等进行了深入的讨论，是一本理论性较强的专著。

（4）《电磁矢量传感器阵列信号处理》分册讨论在同一空间位置具有三个磁场和三个电场分量的电磁矢量传感器，比传统只用一个分量的标量阵列处理能获得更多的信息，六分量可完备地表征电磁波的极化特性。该书从几何代数、张量等数学基础到阵列分析、综合、参数估计、波束形成、布阵和校正等问题进行详细讨论，为进一步应用奠定了基础。

（5）《认知雷达导论》分册介绍的雷达可根据环境、目标和任务的感知，选择最优化的参数和处理方法。它使得雷达数据处理及反馈从粗犷到精细，彰显了新体制雷达的智能化。

（6）《量子雷达》分册的作者团队搜集了大量的国外资料，经探索和研究，介绍从基本理论到传输、散射、检测、发射、接收的完整内容。量子雷达探测具有极高的灵敏度，更高的信息维度，在反隐身和抗干扰方面优势明显。经典和非经典的量子雷达，很可能走在各种量子技术应用的前列。

（四）合成孔径雷达(SAR)技术发展较快，已有大量的著作。本套丛书遴选了有一定特点和前景的 5 个分册：

（1）《数字阵列合成孔径雷达》分册系统阐述数字阵列技术在 SAR 中的应用，由于数字阵列天线具有灵活性并能在空间产生同时多波束，雷达采集的同一组回波数据，可处理出不同模式的成像结果，比常规 SAR 具备更多的新能力。该书着重研究基于数字阵列 SAR 的高分辨力宽测绘带 SAR 成像、极化层析 SAR 三维成像和前视 SAR 成像技术三种新能力。

（2）《双基合成孔径雷达》分册介绍的雷达配置灵活，具有隐蔽性好、抗干扰能力强、能够实现前视成像等优点，是 SAR 技术的热点之一。该书较为系统地描述了双基 SAR 理论方法、回波模型、成像算法、运动补偿、同步技术、试验验证等诸多方面，形成了实现技术和试验验证的研究成果。

（3）《三维合成孔径雷达》分册描述曲线合成孔径雷达、层析合成孔径雷达和线阵合成孔径雷达等三维成像技术。重点讨论各种三维成像处理算法，包括距离多普勒、变尺度、后向投影成像、线阵成像、自聚焦成像等算法。最后介绍三维 MIMO-SAR 系统。

（4）《雷达图像解译技术》分册介绍的技术是指从大量的 SAR 图像中提取与挖掘有用的目标信息，实现图像的自动解译。该书描述高分辨 SAR 和极化 SAR 的成像机理及相应的相干斑抑制、噪声抑制、地物分割与分类等技术，并介绍舰船、飞机等目标的 SAR 图像检测方法。

（5）《极化合成孔径雷达图像解译技术》分册对极化合成孔径雷达图像统计建模和参数估计方法及其在目标检测中的应用进行了深入研究。该书研究内容为统计建模和参数估计及其国防科技应用三大部分。

（五）雷达的应用也在扩展和变化，不同的领域对雷达有不同的要求，本套丛书在雷达前沿应用方面遴选了 6 个分册：

（1）《天基预警雷达》分册介绍的雷达不同于星载 SAR，它主要观测陆海空天中的各种运动目标，获取这些目标的位置信息和运动趋势，是难度更大、更为复杂的天基雷达。该书介绍天基预警雷达的星星、星空、MIMO、卫星编队等双/多基地体制。重点描述了轨道覆盖、杂波与目标特性、系统设计、天线设计、接收处理、信号处理技术。

（2）《战略预警雷达信号处理新技术》分册系统地阐述相关信号处理技术的理论和算法，并有仿真和试验数据验证。主要包括反导和飞机目标的分类识别、低截获波形、高速高机动和低速慢机动小目标检测、检测识别一体化、机动目标成像、反投影成像、分布式和多波段雷达的联合检测等新技术。

（3）《空间目标监视和测量雷达技术》分册论述雷达探测空间轨道目标的特色技术。首先涉及空间编目批量目标监视探测技术，包括空间目标监视相控阵雷达技术及空间目标监视伪码连续波雷达信号处理技术。其次涉及空间目标精密测量、增程信号处理和成像技术，包括空间目标雷达精密测量技术、中高轨目标雷达探测技术、空间目标雷达成像技术等。

（4）《平流层预警探测飞艇》分册讲述在海拔约20km的平流层，由于相对风速低、风向稳定，从而适合大型飞艇的长期驻空，定点飞行，并进行空中预警探测，可对半径500km区域内的地面目标进行长时间凝视观察。该书主要介绍预警飞艇的空间环境、总体设计、空气动力、飞行载荷、载荷强度、动力推进、能源与配电以及飞艇雷达等技术，特别介绍了几种飞艇结构载荷一体化的形式。

（5）《现代气象雷达》分册分析了非均匀大气对电磁波的折射、散射、吸收和衰减等气象雷达的基础，重点介绍了常规天气雷达、多普勒天气雷达、双偏振全相参多普勒天气雷达、高空气象探测雷达、风廓线雷达等现代气象雷达，同时还介绍了气象雷达新技术、相控阵天气雷达、双/多基地天气雷达、声波雷达、中频探测雷达、毫米波测云雷达、激光测风雷达。

（6）《空管监视技术》分册阐述了一次雷达、二次雷达、应答机编码分配、S模式、多雷达监视的原理。重点讨论广播式自动相关监视（ADS-B）数据链技术、飞机通信寻址报告系统（ACARS）、多点定位技术（MLAT）、先进场面监视设备（A-SMGCS）、空管多源协同监视技术、低空空域监视技术、空管技术。介绍空管监视技术的发展趋势和民航大国的前瞻性规划。

（六）目标和环境特性，是雷达设计的基础。该方向的研究对雷达匹配目标和环境的智能设计有重要的参考价值。本套丛书对此专题遴选了4个分册：

（1）《雷达目标散射特性测量与处理新技术》分册全面介绍有关雷达散射截面积（RCS）测量的各个方面，包括RCS的基本概念、测试场地与雷达、低散射目标支架、目标RCS定标、背景提取与抵消、高分辨力RCS诊断成像与图像理解、极化测量与校准、RCS数据的处理等技术，对其他微波测量也具有参考价值。

（2）《雷达地海杂波测量与建模》分册首先介绍国内外地海面环境的分类和特征，给出地海杂波的基本理论，然后介绍测量、定标和建库的方法。该书用较大的篇幅，重点阐述地海杂波特性与建模。杂波是雷达的重要环境，随着地形、地貌、海况、风力等条件而不同。雷达的杂波抑制，正根据实时的变化，从粗犷走向精细的匹配，该书是现代雷达设计师的重要参考文献。

（3）《雷达目标识别理论》分册是一本理论性较强的专著。以特征、规律及知识的识别认知为指引，奠定该书的知识体系。首先介绍雷达目标识别的物理与数学基础，较为详细地阐述雷达目标特征提取与分类识别、知识辅助的雷达目标识别、基于压缩感知的目标识别等技术。

（4）《雷达目标识别原理与实验技术》分册是一本工程性较强的专著。该书主要针对目标特征提取与分类识别的模式，从工程上阐述了目标识别的方法。重点讨论特征提取技术、空中目标识别技术、地面目标识别技术、舰船目标识别及弹道导弹识别技术。

（七）数字技术的发展，使雷达的设计和评估更加方便，该技术涉及雷达系统设计和使用等。本套丛书遴选了3个分册：

（1）《雷达系统建模与仿真》分册所介绍的是现代雷达设计不可缺少的工具和方法。随着雷达的复杂度增加，用数字仿真的方法来检验设计的效果，可收到事半功倍的效果。该书首先介绍最基本的随机数的产生、统计实验、抽样技术等与雷达仿真有关的基本概念和方法，然后给出雷达目标与杂波模型、雷达系统仿真模型和仿真对系统的性能评价。

（2）《雷达标校技术》分册所介绍的内容是实现雷达精度指标的基础。该书重点介绍常规标校、微光电视角度标校、球载 BD/GPS（BD 为北斗导航简称）标校、射电星角度标校、基于民航机的雷达精度标校、卫星标校、三角交会标校、雷达自动化标校等技术。

（3）《雷达电子战系统建模与仿真》分册以工程实践为取材背景，介绍雷达电子战系统建模的主要方法、仿真模型设计、仿真系统设计和典型仿真应用实例。该书从雷达电子战系统数学建模和仿真系统设计的实用性出发，着重论述雷达电子战系统基于信号/数据流处理的细粒度建模仿真的核心思想和技术实现途径。

（八）微电子的发展使得现代雷达的接收、发射和处理都发生了巨大的变化。本套丛书遴选出涉及微电子技术与雷达关联最紧密的3个分册：

（1）《雷达信号处理芯片技术》分册主要讲述一款自主架构的数字信号处理（DSP）器件，详细介绍该款雷达信号处理器的架构、存储器、寄存器、指令系统、I/O 资源以及相应的开发工具、硬件设计，给雷达设计师使用该处理器提供有益的参考。

（2）《雷达收发组件芯片技术》分册以雷达收发组件用芯片套片的形式，系统介绍发射芯片、接收芯片、幅相控制芯片、波速控制驱动器芯片、电源管理芯片的设计和测试技术及与之相关的平台技术、实验技术和应用技术。

（3）《宽禁带半导体高频及微波功率器件与电路》分册的背景是，宽禁带材料可使微波毫米波功率器件的功率密度比 Si 和 GaAs 等同类产品高 10倍，可产生开关频率更高、关断电压更高的新一代电力电子器件，将对雷达产生更新换代的影响。分册首先介绍第三代半导体的应用和基本知识，然后详细介绍两大类各种器件的原理、类别特征、进展和应用：SiC 器件有功率二极管、MOSFET、JFET、BJT、IBJT、GTO 等；GaN 器件有 HEMT、MMIC、E 模HEMT、N 极化 HEMT、功率开关器件与微功率变换等。最后展望固态太赫兹、金刚石等新兴材料器件。

　　本套丛书是国内众多相关研究领域的大专院校、科研院所专家集体智慧的结晶。具体参与单位包括中国电子科技集团公司、中国航天科工集团公司、中国电子科学研究院、南京电子技术研究所、华东电子工程研究所、北京无线电测量研究所、电子科技大学、西安电子科技大学、国防科技大学、北京理工大学、北京航空航天大学、哈尔滨工业大学、西北工业大学等近 30 家。在此对参与编写及审校工作的各单位专家和领导的大力支持表示衷心感谢。

2017 年 9 月

前　言

对物体微波毫米波谱段的热辐射特征进行观测是一个应用广泛且综合性、交叉性很强的研究领域。本书的主题——毫米波辐射无源探测技术所关注的研究对象和应用范畴侧重于国防及安全领域,从新体制无源探测的角度来探讨如何利用毫米波频段的热辐射信号来获取目标信息,实现对目标的无源探测。由于毫米波波长处于微波与红外之间,毫米波能够在大气穿透性和空间分辨力之间取得良好的折中,在国防安全应用中兼具微波与红外的优点。因此,本书将从目标的毫米波辐射特征着手,对毫米波辐射无源探测技术的基本概念和工作原理进行介绍。当然,书中所论述的技术也同样适用于除毫米波频段以外的其他微波辐射探测应用。

作者所在研究团队近年来一直从事毫米波辐射无源探测相关的基础与应用研究工作,在毫米波辐射安检成像、毫米波辐射目标探测系统等方面积累大量成果。在研究工作开展过程中,查阅了大量射电天文和微波遥感领域的参考资料,受益匪浅,同时也深感国内有关毫米波辐射探测技术方面参考图书的匮乏,迫切需要一部可系统阐述毫米波辐射探测技术概念、反映近年来毫米波辐射探测技术发展的参考图书。基于这一出发点,作者开始了本书的编写整理工作。本书在内容设置方面兼顾了基础原理介绍与工程应用指导,行文中在避免繁杂公式推导的同时给出了相应参考文献,既可作为初学者了解毫米波辐射无源探测技术领域的学习用书,也可作为相关领域专业人员进一步开展研究工作的参考资料。全书内容编排可分为两大部分:第一部分(第1~3章)着重介绍微波毫米波辐射测量基础理论;第二部分(第4~7章)给出了毫米波辐射无源探测应用所涉及的大气传输模型、目标辐射特征、接收处理方法以及系统设计实例等相关内容。

本书由高昭昭完成全书各章节编写和整理,孟建、华云完成全书各章节的修改和校核,张晓芸协助编写第6章,王金国协助编写第4.2节与第6.5节,李世文协助编写第3.2节与第5.2节,董自通协助编写第3.3节与第5.4节,樊博宇协助编写第7.4节,感谢江帆、赵子龙等同事协助完成部分章节文字素材整理、图表绘制与资料搜集。本书编著过程中得到了中国电子科技集团公司第二十九研究所各级领导的鼓励和同事的大力支持,同时也感谢电子信息控制国防科技重点实验室提供了优越的研究条件与开放包容的学术氛围。

虽然作者在编著本书时做了努力,但由于水平有限和经验不足,书中一定会出现不少谬误、疏漏与不足,希望广大读者批评指正。

作者

2017 年 7 月

目　录

第1章　绪论 ································· 001
　1.1　概念简述 ····························· 001
　1.2　技术特点 ····························· 004
　1.3　发展历程 ····························· 004
　参考文献 ································· 008
第2章　辐射测量原理 ··················· 009
　2.1　引言 ······························· 009
　2.2　辐射测量的基本概念 ··················· 009
　　2.2.1　基本物理量 ····················· 009
　　2.2.2　黑体辐射 ······················· 011
　　2.2.3　辐射测量 ······················· 014
　2.3　辐射信号接收与检测 ··················· 016
　　2.3.1　辐射计工作原理 ················· 016
　　2.3.2　系统温度灵敏度 ················· 018
　　2.3.3　系统空间分辨力 ················· 018
　　2.3.4　辐射计基本类型 ················· 020
　2.4　干涉式辐射测量 ····················· 021
　　2.4.1　干涉仪工作原理 ················· 022
　　2.4.2　干涉式辐射计 ··················· 025
　　2.4.3　亮温与可见度 ··················· 027
　参考文献 ································· 029
第3章　辐射测量工程基础 ··············· 030
　3.1　引言 ······························· 030
　3.2　天线 ······························· 030
　　3.2.1　天线原理 ······················· 030
　　3.2.2　天线类型 ······················· 035
　　3.2.3　阵列天线 ······················· 039
　3.3　接收机 ····························· 046
　　3.3.1　接收机工作原理 ················· 046

　　　　3.3.2　接收机灵敏度 ·· 047

　　　　3.3.3　接收机变频分析 ·· 048

　　　　3.3.4　接收机动态范围 ·· 050

　　3.4　数字信号处理 ··· 052

　　　　3.4.1　模数变换原理 ·· 052

　　　　3.4.2　数字正交鉴相 ·· 056

　　　　3.4.3　数字相关器 ·· 060

　　参考文献 ··· 064

第4章　毫米波辐射探测基础理论 ··· 065

　　4.1　引言 ··· 065

　　4.2　毫米波信号传输特性 ··· 065

　　　　4.2.1　大气物理模型 ·· 065

　　　　4.2.2　毫米波大气传输模型 ·· 067

　　4.3　典型场景毫米波辐射特征 ··· 072

　　　　4.3.1　天空环境与空中目标辐射 ······································ 072

　　　　4.3.2　地面环境与地面目标辐射 ······································ 075

　　4.4　毫米波辐射探测距离方程 ··· 078

　　　　4.4.1　波束平滑效应 ·· 079

　　　　4.4.2　探测距离方程 ·· 080

　　参考文献 ··· 083

第5章　实孔径毫米波辐射探测技术 ······································· 084

　　5.1　引言 ··· 084

　　5.2　实孔径辐射计 ··· 084

　　　　5.2.1　接收处理体制 ·· 085

　　　　5.2.2　天线扫描方式 ·· 089

　　　　5.2.3　测量不确定性 ·· 091

　　5.3　探测处理方法 ··· 092

　　　　5.3.1　毫米波辐射目标探测处理 ······································ 092

　　　　5.3.2　毫米波辐射图像处理 ·· 095

　　5.4　辐射计定标 ··· 096

　　　　5.4.1　定标方程与定标源 ·· 096

　　　　5.4.2　辐射计系统测试 ·· 099

　　5.5　系统设计与应用 ··· 102

　　　　5.5.1　毫米波辐射末制导应用 ·· 102

　　　　5.5.2　毫米波辐射成像安检应用 ······································ 107

参考文献 ··· 108

第6章 综合孔径毫米波辐射探测技术 ·································· 110

6.1 引言 ··· 110

6.2 综合孔径辐射探测工作原理 ································· 110

    6.2.1 综合孔径阵列原理 ································· 111

    6.2.2 系统参数与性能指标 ····························· 113

6.3 综合孔径辐射探测系统组成 ································· 118

    6.3.1 阵列天线分系统 ································· 119

    6.3.2 多通道接收分系统 ······························ 122

    6.3.3 信号处理分系统 ································· 123

6.4 综合孔径辐射探测处理方法 ································· 125

    6.4.1 综合孔径反演成像算法 ··························· 125

    6.4.2 运动目标干涉测量方法 ··························· 135

    6.4.3 综合孔径系统定标方法 ··························· 139

6.5 综合孔径辐射探测系统实例 ································· 142

    6.5.1 机载一维综合孔径系统 ··························· 143

    6.5.2 星载二维综合孔径系统 ··························· 144

参考文献 ·· 149

第7章 毫米波辐射无源探测新技术 ·································· 153

7.1 引言 ··· 153

7.2 太赫兹辐射探测技术 ······································· 153

7.3 超综合孔径成像技术 ······································· 157

7.4 毫米波光处理技术 ··· 161

参考文献 ·· 164

主要符号表 ··· 166

缩略语 ··· 169

第 1 章

绪论

◤ 1.1　概 念 简 述

电子侦察技术是指利用电子侦察设备来获取敌方军事情报的军事侦察技术手段。作为电子战的重要组成部分,电子侦察在电子战诞生的最初阶段仅仅是对敌方的无线电通信进行简单的测向和定位。1905 年 5 月日本联合舰队和俄国第二太平洋舰队在日本海海域展开了一场大规模海战,日方应用无线电侦察设备截获了俄方舰队的无线电通信,掌握了俄方舰队的作战动向,最终大获全胜。随着无线电通信、雷达等无线电电子设备在军事领域的广泛应用,相应的电子侦察技术和设备也在经历着日新月异的发展。在 1991 年海湾战争中,美国在空袭伊拉克的前几个月就开始通过电子侦察卫星搜集了大量的伊军电子情报,并在空袭前出动了数十架 EF – 111A、EA – 6B 和 EC – 130H 电子战飞机对伊实施了电子战行动,使得伊拉克的大部分雷达受到强烈干扰而无法正常工作,无线电通信全部瘫痪。

与雷达采用主动发射电磁波信号的方式实现目标探测不同,电子侦察设备是通过被动接收目标上电子设备辐射的电磁波信号来实现对目标的探测。因此,电子侦察根据其功能也常称为无源侦察、无源探测或无源定位。一方面,被动无源工作特性使电子侦察设备具有良好的隐蔽性和安全性;另一方面,由于电子侦察设备利用目标辐射源发射的电磁波信号获取目标信息,如果目标停止发射,那么电子侦察设备将无法获取目标信息。简而言之,无源探测这一特点既是电子侦察具有的独特技术优势的来源,也是电子侦察面临的各种技术挑战的来源。

显然,对于无源探测系统来说目标的电磁辐射特征至关重要,雷达、通信、导航等各类电子设备均希望通过控制其电磁辐射特征以避免被电子侦察系统所截获,因此射频隐身、电磁静默、低截获概率(LPI)等一系列新概念和新技术得到快速发展。然而,电子对抗技术正是在对抗双方不断地博弈过程中向前发展的,即使目标搭载的电子设备全部关闭,目标仍有可能因其自身所固有的一类无法"关闭"的电磁辐射特征——热辐射而被无源探测系统所截获,这也正是本书探讨毫米波辐射无源探测的意义所在。

自然界中温度高于绝对零度的一切物质都以电磁波的形式向外辐射能量,这种物理现象称为热辐射,简称辐射。能吸收全部入射能量且反射为零的理想材料称为黑体。黑体在整个电磁频谱上的辐射分布规律可用普朗克辐射定律描述,其中在红外波段的热辐射称为红外辐射,而在微波、毫米波频段的热辐射统称为微波辐射。黑体的微波辐射强度与其物理温度之间满足线性关系,服从瑞利 – 琼斯定律(普朗克辐射定律在电磁频谱低端的近似表达式)。因此,在微波辐射测量学中通常采用热力学温度(K)来描述物体的微波辐射特性。微波辐射测量学中的基本物理量和黑体辐射等基本概念将在本书的第 2 章进行详细介绍。

自从物体的微波辐射这一物理现象作为物体自身的固有特征被发现后,微波辐射测量已成为人类获取远距离目标信息的一种重要手段。基于这一物理发现,20 世纪 30 年代出现了射电天文学,通过选择大气窗口频段接收辐射信号,可对上百亿光年之遥的星体进行观测,图 1.1 给出了通过微波辐射测量得到的宇宙背景微波辐射图像[1]。20 世纪 50 年代,对地遥感领域开始通过接收大气、海洋、陆地等观测场景的辐射,从数百千米的高度甚至 36000km 的静止卫星轨道获取地球遥感信息。20 世纪末到 21 世纪初,人们开始将微波辐射测量作为一种目标探测手段,实现对各种感兴趣目标的无源探测。

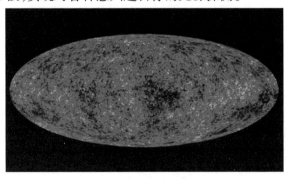

图 1.1　宇宙背景微波辐射图像(见彩图)

辐射计是用于接收目标微波毫米波辐射信号的高灵敏度接收系统,一个典型的辐射计主要包含天线、接收机和信号采集处理等部件。虽然针对不同应用所设计的微波毫米波辐射测量设备的系统组成和处理流程各不相同,但此类设备均要涉及到天线、接收机和数字信号处理等共性基础技术。因此,第 3 章将介绍辐射测量中涉及的天线、接收机和数字信号处理技术。

当用辐射计对某一场景进行辐射测量时,需要综合考虑目标自身辐射,地物、大气等环境辐射,传输过程中的吸收损耗,以及天线方向图等系统性能因素。合理地选择辐射计的参数(如波长、处理体制),可以建立起辐射计的输出信号与所感兴趣目标参数之间的有用关系。例如,在气象遥感卫星应用中,主要关注大气的水气含量及温度分布情况,因而美国 NOAA 系列气象卫星的先进微波探测仪(AMSU)共有 20 个探测通道,工作频率范围覆盖 23.8~183GHz,采用圆周扫描方式,通过整合多个通道不同谱段辐射计的观测结果,获取全球大气垂直温度和湿度廓线的估计;在射电天文观测应用中,主要关注对宇宙空间内射电源角位置的高灵敏度、高精度测量,因此甚长基线干涉测量(VLBI)技术得到广泛应用。

本书关注的研究对象和应用范畴侧重于国防及安全领域。辐射计系统工作频率往往选择毫米波频段,其原因是毫米波波长处于微波与红外之间,具有较好的大气穿透性和良好的空间分辨力,在探测应用中可兼具微波与红外的优点。后续章节将从目标的毫米波辐射特征着手,介绍毫米波辐射无源探测技术的基本概念和工作原理。当然,本书内容对于毫米波频段以外的其他微波辐射探测应用同样具有参考意义。

毫米波辐射无源探测是指通过接收和处理目标在毫米波频段的热辐射信号来获取目标信息,完成对目标无源探测的方法。图 1.2 给出了相同场景下目标的光学图像和利用 W 波段毫米波辐射计获取的毫米波辐射图像[2]。显然,与现在广泛应用的红外被动成像类似,利用毫米波辐射同样可以"观察"世界。

图 1.2　光学图像和毫米波辐射图像(见彩图)

本书第 4 章详述了毫米波辐射信号的大气传播特性以及不同目标的毫米波辐射特征。第 5 章和第 6 章分别叙述了实孔径体制和综合孔径体制辐射探测的技术原理、系统组成和应用实例。第 7 章对毫米波辐射无源探测的新概念、新技术和发展趋势进行了介绍。

■ 1.2 技 术 特 点

毫米波辐射无源探测作为一种新的无源探测技术,在继承了传统电子侦察所具有的良好的隐蔽性和安全性的同时,由于利用了目标自身所固有的毫米波辐射特征,可以为电子侦察提供良好的抗电磁静默能力。另一方面,与雷达、通信等电子设备的电磁辐射相比,目标自身的毫米波辐射信号是具有宽带随机噪声特点的弱信号,因此毫米波辐射无源探测对探测系统设计和处理方法都提出了较高的要求。

毫米波辐射无源探测可以利用目标毫米波辐射信号与其表面材料特性以及材料电磁参数间的关系来充分发掘目标的丰富信息。以涂覆吸波涂层的隐身目标为例,目标(飞机、坦克、舰船)表面涂覆的隐身材料是一种吸收率很高的物质,能够吸收大部分入射到其表面的电磁能量。当目标表面涂上隐身材料时,目标本身也就成为一个强辐射体,可以利用目标与背景物体在毫米波频段的亮度温度(简称亮温)差异来实现目标探测和信息提取。即使对于与地面环境具有相同物理温度的金属车辆目标而言,由于其在毫米波频段的亮温明显低于周围环境,通过毫米波辐射仍然可实现对地面金属车辆的探测。

毫米波辐射无源探测所选择的工作频段位于微波波段的高端,波长较短,对于给定的天线尺寸,具有波束宽度较窄、增益较高的特点,因而能够获得较高的空间分辨力和精度。换言之,为了获得指定的增益和窄波束,毫米波辐射无源探测可以采用口径较小的天线。而与红外、可见光波段相比,毫米波的波长是红外、可见光的数百倍以上。虽然毫米波辐射无源探测系统的角度分辨力不及红外或可见光系统,但是毫米波频段在热辐射特征及大气传输方面的优良特性,在一定程度上可以弥补红外或可见光的不足。因而,在国防及安全等应用领域中,毫米波频段的辐射探测可兼具厘米波和红外的优点,是高性能探测系统比较理想的工作频段。

简而言之,毫米波辐射无源探测技术的主要特点如下:

(1)具有良好的隐蔽性和安全性,可抗电磁静默;

(2)目标辐射信号为宽带随机噪声,功率微弱,对接收系统灵敏度要求高;

(3)可以前视成像,目标毫米波辐射特征明显,具有反隐身探测应用潜力;

(4)毫米波探测受气象和烟尘的影响小,基本上可保证全天时、全天候的工作能力。

■ 1.3 发 展 历 程

微波辐射计技术诞生于第二次世界大战期间,是微波频段噪声测量问题的研究成果之一。在 20 世纪三四十年代,微波辐射计首先被用来测量银河系和其他星系目标的辐射,射电天文成为微波辐射测量最早、最成功的应用领域,许多发现对天体物理学的发展做出了杰出的贡献。1958 年,得克萨斯大学的研究团队首次利用波长为 4.3mm 的毫米波辐射计对地面的几种材料(水、树林、草地和沥青等)进行了辐射测量。此后各种机载和星载的微波/毫米波辐射测量设备被广泛应用于对地遥感观测。在 20 世纪 60 年代末,美国海军研究实验室和海军武器中心等机构开始利用微波/毫米波辐射测量技术来实现对军事目标探测的研究,随后人们逐步展开了毫米波辐射无源探测技术在军事和安全领域的应用研究。

在微波辐射测量技术的发展早期,最基本的接收和处理方法是利用实孔径天线进行信号的接收与检测,在此基础上形成了最早的实孔径波束扫描成像体制,即利用单天线波束扫描来获取场景的辐射图像。由于系统结构简单,该技术至今还广泛应用于遥感、侦察监视和末制导等领域。

德国宇航中心(DLR)于 1997 年研制了一个机载 W 波段(90GHz)扫描成像系统[3],该系统在 $100\mu s$ 的积分时间条件下温度灵敏度达到 1.8K,角度分辨力达到 1°。图 1.3 给出了该机载毫米波辐射扫描成像系统对机场的实验结果,图中载机的飞行高度为 100m,停机坪上的飞机清晰可见。该成像系统可用于恶劣天气条件下的对地侦察监视。

图 1.3　实孔径毫米波辐射计扫描成像结果(见彩图)

相较于实孔径波束扫描体制,焦平面多波束成像体制则可以有效改善系统的实时性,其工作原理和系统组成如图 1.4 所示。通过将多个馈源密集地排列在实孔径天线的焦平面上,利用各馈源的偏焦不同,产生多个不同指向的波束,从而可以同时对多个方向上的辐射信号进行直接测量,进而提高了辐射探测系统的瞬时覆盖范围。

诺斯罗普格鲁曼公司于 1994 年完成了世界首台具备视频帧率的毫米波焦

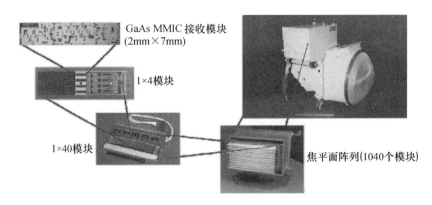

GaAs MMIC 接收模块
(2mm×7mm)

1×4 模块

1×40 模块

焦平面阵列(1040个模块)

图 1.4　焦平面被动毫米波成像系统

平面辐射计系统[4]，帧频 17Hz，瞬时视场 15°×10°，系统温度灵敏度达到 2K，角度分辨力为 0.5°。整个焦平面阵列由 260×4 个接收模块组成，工作频率 89GHz，噪声系数 5.5dB，带宽 10GHz。该系统于 1997 年起搭载于美国空军的 KC-135 空中加油机成功完成了多次起降过程中对机场跑道的成像实验。

　　焦平面体制受天线焦平面范围的限制，波束数量不可能太多，视场仍然有限，因此需要获得大范围视场图像时仍需要扫描。此外，焦平面系统对接收单元的一致性和通道内增益波动都有很高要求。为解决辐射探测中天线物理尺寸与角度分辨力和视场范围之间的矛盾，射电天文观测领域出现了干涉式综合孔径技术。综合孔径阵列并不是利用"实波束"对某个方向上的辐射信号进行测量，而是利用多个小口径天线构成基线很长的稀疏阵列，得到天线对之间的干涉测量后进行信号处理还原观测视场的辐射图像，该技术能获得非常高的分辨力性能和较好的实时成像能力。综合孔径辐射计见图 1.5。

(a) MIRAS 系统实物　　　　　　　(b) GeoSTAR 地面样机实物

图 1.5　综合孔径辐射计(见彩图)

　　20 世纪 80 年代末，世界上第一台采用干涉式综合孔径技术的机载辐射计，ESTAR 系统，由美国 NASA 空间飞行中心研制成功。在欧空局的资助下，芬兰

赫尔辛基技术大学从 1998 年开始研制二维机载综合孔径毫米波辐射计 HUT –
2D,用于验证综合孔径辐射计的成像原理以及定标方法。2006 年初,机载
HUT – 2D 系统研制完成,并于当年 5 月进行了首次试飞,获得第一幅机载二维
综合孔径辐射亮温图像。在此基础上,又相继出现了以欧空局的 MIRAS 系统[5]
及美国 NASA 的 GeoSTAR[6] 系统为代表的多种星载综合孔径辐射计系统。其
中,MIRAS 是首个投入实用的星载综合孔径辐射计。

(a) SKA抛物面天线阵列设想图

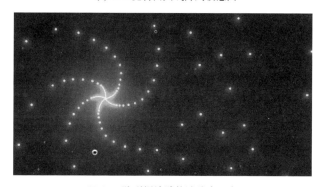

(b) SKA阵列螺旋臂构造分布示意

图 1.6 平方千米阵列射电望远镜(见彩图)

　　干涉式综合孔径技术在射电天文观测领域的最新应用是平方千米阵列
(SKA)[7]。SKA 设计总接收面积约 1km²,建成后将成为有史以来最大的射电望
远镜。为了达成此目标,SKA 将由数千个抛物面天线阵列(高频)和更多的低频
和中频孔径阵列而组成,如图 1.6 所示,按多个螺旋臂构造分布在 3000km 基线
范围内组成长基线干涉阵列。SKA 是一个国际合作的大型射电望远镜建造项
目,目前的成员国包括澳大利亚、加拿大、中国、印度、意大利、新西兰、南非、瑞
典、荷兰和英国等 10 个国家。计划于 2018 年至 2023 年完成一期建设,2020 年
形成初始观测能力,21 世纪 20 年代末期完成全部建设并投入运行。SKA 将用
于解答如第一代天体如何形成、星系演化、宇宙磁场、引力的本质、地外生命与地
外文明、暗物质和暗能量等有关于宇宙的最基本的问题,使人类更好地理解所生
活的宇宙。

综上所述,毫米波辐射无源探测技术经历了从实孔径到焦平面以及综合孔径体制的发展历程。从 20 世纪 80 年代开始,国内开始逐步重视辐射探测技术,并在射电天文、微波遥感以及侦察监视、精确制导等领域取得了显著进步。

毫米波辐射无源探测技术是一项涉及多学科交叉的技术,需要辐射测量技术、毫米波技术、微电子技术以及信号与图像处理等诸多学科的支撑。及时跟踪国内外发展动态,开展毫米波辐射无源探测技术理论研究、系统论证和工程应用,对于推动毫米波辐射无源探测成为一种全新的无源侦察探测手段具有重要意义。

参考文献

[1] NASA. WMAP Cosmic microwave background Image. http://map. gsfc. nasa. gov/media/121238/index. html,2014.

[2] Harvey A R, Appleby R. Passive mm – wave imaging from UAVs using aperture synthesis[J]. Aeronautical Journal, 2003, 107(1068):87 – 98.

[3] Peichl M, Dill S, Jirousek M,et al. Microwave Radiometry – Imaging Technologies and Applications[C]. Chemnitz,Germany:Proceedings of WFMN07, 2007:75 – 83.

[4] Dow G S, Lo D C W, Guo Y, et al. Large scale W – band focal plane array for passive radiometric imaging[C]. IEEE MTT – S Int. Symp. Dig. , 1996, 1: 369 – 372.

[5] McMullan K D, Brown Michael A, Martín – Neira M. SMOS:The Payload[J]. IEEE Transactions on Geoscience and Remote Sensing, 2008, 46(3):594 – 605.

[6] Tanner A, Lambrigsten B, Gaier T, et al. Near field characterization of the GeoSTAR demonstrator[C]. Denver,Co,USA:IEEE International Symposium on Geoscience and Remote Sensing, 2006:2529 – 2532.

[7] SKA Organisation. The history of the SKA project[EB/OL]. (2012 – 5)[2017 – 11 – 13]. https://www. skatelescope. org/history – of – the – skaproject/.

第❷章
辐射测量原理

◼ 2.1 引 言

辐射测量学是研究电磁辐射测量的一门学科。本章将对辐射测量学中的基本概念和辐射测量方法与原理进行介绍。其中,2.2 节介绍辐射测量中的基本概念;2.3 节介绍辐射测量设备辐射计的工作原理和主要参数;2.4 节对干涉式辐射测量原理进行介绍。

◼ 2.2 辐射测量的基本概念

2.2.1 基本物理量

为了方便以后各章节的讨论,这里首先给出辐射测量物理量的术语、符号和单位,见表 2.1。

表 2.1 辐射测量物理量的术语、符号和单位[1]

物理量	符号	单位
功率	P	W
功率密度	S	$W \cdot m^{-2}$
辐射强度	F	$W \cdot sr^{-1}$
亮度	I	$W \cdot sr^{-1} \cdot m^{-2}$
谱亮度	I_f	$W \cdot sr^{-1} \cdot m^{-2} \cdot Hz^{-1}$

注:微波辐射测量领域中的术语、符号和单位与光学和红外辐射测量中所使用有所不同,使用中应注意区分

辐射测量学以及辐射探测应用主要关心点源和展源两类目标对象。点源目标没有面积,因此可利用功率 P 和功率密度 S 来描述点源辐射特征的强弱及其传播的物理过程。假设功率为 P_t 的点源为全向辐射(即立体角为 4π),则传播至距离 R 处的功率密度 S_t 为

$$S_t = \frac{P_t}{4\pi R^2} \tag{2.1}$$

对于在空间上占据一定面积的非相干辐射展源目标,可定义亮度 I 这个物理量,表征单位面积的展源目标在单位立体角内所发射的功率。

以下通过一个简化的例子来说明展源的目标亮度 I 与功率 P 及功率密度 S 等物理量之间的关系,并给出理想条件下接收天线所接收功率的表达式。

如图 2.1 所示,一辐射亮度为 I 的展源目标所辐射的能量被有效面积为 A_r 的无损天线接收,接收天线所在观测点与目标的间距为 R。根据亮度的定义和式(2.1)中功率密度的表达式,面积为 A_t 的展源辐射传播至接收天线口面处,其功率密度 S_t 可以表示为

$$S_t = \frac{IA_t}{R^2} \tag{2.2}$$

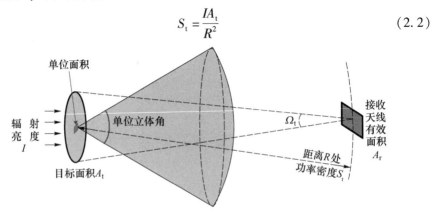

图 2.1　展源目标辐射的基本物理量

根据功率密度与功率之间的关系,天线收到的总功率可以写成

$$P_r = S_t A_r = \frac{IA_t}{R^2}A_r \tag{2.3}$$

用 $\Omega_t = A_t/R^2$ 表示目标面积相对观测点所张成的立体角,则式(2.3)可简化为

$$P_r = I\Omega_t A_r \tag{2.4}$$

由式(2.4)可知,接收功率取决于展源目标亮度、目标立体角和接收天线的有效面积。接下来考虑如图 2.2 所示更一般的探测情况。

展源目标亮度分布为 $I(\theta,\phi)$,θ 和 ϕ 分别表示俯仰角和方位角。令目标表面的一个微小面元所张成的立体角为 $d\Omega$,相应地天线在这一微分立体角内所接收到的微分功率分量为

$$dP_r = A_r I(\theta,\phi)F_n(\theta,\phi)d\Omega \tag{2.5}$$

式中:$F_n(\theta,\phi)$ 为接收天线的方向图。

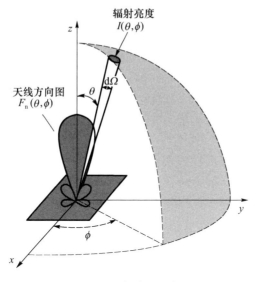

图 2.2 辐射接收示意图

天线口面所接收的总功率为

$$P_r = A_r \iint_\Omega I(\theta, \phi) F_n(\theta, \phi) \mathrm{d}\Omega \tag{2.6}$$

式中:Ω 为天线主瓣、旁瓣所覆盖的球面度。

考虑到极化的影响,天线仅仅能接收到抵达天线表面的总功率的一半,因此实际天线口面能够接收的功率如下式所示

$$P_r = \frac{1}{2} A_r \iint_\Omega I(\theta, \phi) F_n(\theta, \phi) \mathrm{d}\Omega \tag{2.7}$$

如果考虑到展源目标辐射的谱特性,则可以定义谱亮度 I_f 来表征单位带宽内的亮度,其量纲是 $\mathrm{W \cdot sr^{-1} \cdot m^{-2} \cdot Hz^{-1}}$。天线接收功率可以进一步表示为

$$P_r = \frac{1}{2} A_r \int_f^{f+\Delta f} \iint_\Omega I_f(\theta, \phi) F_n(\theta, \phi) \mathrm{d}f \mathrm{d}\Omega \tag{2.8}$$

式中:f 至 $f + \Delta f$ 表示天线的频率接收范围。

本小节讨论了描述点源及展源目标辐射特征的基本物理量——功率 P、亮度 I、谱亮度 I_f,以及接收功率与天线、距离、目标特征等参数之间的关系。下一小节中将介绍黑体辐射理论,并给出展源目标辐射亮度 I 及谱亮度 I_f 与其物理特性之间的关系。

2.2.2 黑体辐射

2.2.2.1 黑体谱亮度与温度的关系

处于热力学温度零度以上的所有物质都会辐射出电磁能量,而且物质辐射

能量的强度随其热力学温度的增加而增加。

1901 年,德国物理学家普朗克在量子理论的基础上提出了定量描述黑体辐射特性的普朗克定律。黑体辐射的概念对于了解实际物体的热辐射是十分重要的,因为黑体的辐射谱为研究物体的辐射特性提供了一个标准。所谓黑体就是在所有频率上吸收所有的入射辐射而没有反射的理想不透明的材料。根据热力学平衡条件可知,因为没有能量的反射,黑体不仅是一个完全的吸收体,也是一个完全的发射体。

普朗克定律表明:黑体在所有方向上都是以同样的谱亮度辐射能量,也就是说,黑体的谱亮度是无方向性的,它只是温度和频率的函数。普朗克定律给出了黑体谱亮度 I_f 的表达式为

$$I_f = \frac{2hf^3}{c^2}\left(\frac{1}{e^{hf/kT} - 1}\right) \tag{2.9}$$

式中:h 为普朗克常数($h = 6.63 \times 10^{-34} J \cdot s$);$f$ 为频率,单位 Hz;c 为光速($c = 3 \times 10^8 m \cdot s^{-1}$);$k$ 为玻耳兹曼常数($k = 1.38 \times 10^{-23} J \cdot K^{-1}$);$T$ 为热力学温度,单位 K。若 $hf/kT \ll 1$,式(2.9)中的普朗克定律可简化为瑞利-琼斯近似公式

$$I_f = \frac{2f^2 kT}{c^2} = \frac{2kT}{\lambda^2} \tag{2.10}$$

式中:λ 为波长。对于 300K 室温下的黑体来说,当 $f < 117GHz$ 时,瑞利-琼斯近似与普朗克定律表达式的相对偏差小于百分之一,这覆盖了微波和毫米波频段中可用的大部分频率范围。瑞利-琼斯近似公式比普朗克定律更为简明直观,表明黑体的谱亮度 I_f 与其热力学温度 T 成正比。

因此为方便起见,在辐射测量学中通常直接用黑体的热力学温度 T 而不是谱亮度来表征黑体辐射的强度。

2.2.2.2 灰体的亮度温度

黑体是一种理想化的物体,既是一个理想的吸收体同时也是一个理想的发射体。实际的物质通常是非黑体(或称为灰体),它的发射少于黑体的发射,并且也不一定能够完全吸收入射到它上面的能量。显然,灰体的热力学温度 T 不能直接作为其自身辐射的度量。

在微波和毫米波频段内,接收带宽 B 可认为是窄带,根据式(2.10)中的瑞利-琼斯近似公式以及谱亮度 I_f 的定义,热力学温度为 T 的黑体辐射亮度为

$$I = I_f B = \frac{2kT}{\lambda^2} B \tag{2.11}$$

对于同样热力学温度为 T 的灰体,其辐射亮度(辐射的能量)要小于黑体的辐射亮度。因此,可以定义一个等效黑体温度 T_B,使得灰体的辐射亮度 I 也可

以表示成与式(2.11)类似的表达式

$$I = \frac{2kT_B}{\lambda^2}B \tag{2.12}$$

式中：T_B 为亮度温度，简称亮温，单位为 K。物体的亮温 T_B 只是一个等效黑体温度，而不是物体本身的热力学温度，它只是为了描述实际物体自身的辐射特性。由式(2.11)、式(2.12)可知，物体的亮温 T_B 比自身的热力学温度 T 低。由于物体的辐射亮度 $I(\theta,\phi)$ 是方向的函数，故其亮温也写为 $T_B(\theta,\phi)$。

亮度温度是辐射测量学中一个非常重要的物理量，由于物体亮温与其辐射亮度成正比，因此利用亮温就可以直观地表征所有物体(包括灰体和黑体)的辐射强度。将亮度温度 $T_B(\theta,\phi)$ 与辐射亮度 $I(\theta,\phi)$ 的关系式代入式(2.5)和式(2.7)，可以得到天线接收功率与目标亮度温度间的关系为

$$\mathrm{d}P_r = \frac{A_r k}{\lambda^2}T_B(\theta,\phi)F_n(\theta,\varphi)\mathrm{d}f\mathrm{d}\Omega \tag{2.13}$$

$$P_r = \frac{A_r kB}{\lambda^2}\iint_\Omega T_B(\theta,\phi)F_n(\theta,\varphi)\mathrm{d}\Omega \tag{2.14}$$

式中：P_r 为天线收到的信号功率；$\mathrm{d}P_r$ 为天线在微分立体角内收到的信号功率，上述公式中均考虑了极化的影响。

2.2.2.3　物体的发射率

由前面的介绍可知，物体的亮温只是一个等效黑体温度，而不是物体本身的热力学温度。假设材料是均匀且温度一致的，则可定义物体的发射率 e 来描述其亮温 T_B 与其实际热力学温度 T 之间的关系为

$$e = \frac{T_B}{T} \tag{2.15}$$

因为物体的亮温 T_B 小于或等于其实际热力学温度 T，所以 $0 \leqslant e \leqslant 1$。物体的发射率与其亮温一样与观测角度有关，故也可写为 $e(\theta,\phi)$ 的形式。

一般物体的发射率与其组成材料的介电常数、磁导率和表面粗糙度等电磁和物理参数，以及波长和极化等条件有关。常见物体表面的发射率如表 2.2 所列。

表 2.2　典型地物表面的发射率[2]

典型目标	波长 $\lambda = 3\mathrm{mm}$	波长 $\lambda = 8\mathrm{mm}$
草地	1.0	1.0
沥青	0.98	0.98
混凝土	0.86	0.92
干沙	0.90	0.86
水面	0.38	0.63
金属面	0	0

当物体的发射率 e 已知时,根据其热力学温度 T,利用式(2.15)即可计算得到物体自身辐射的亮度温度。

实际环境中的物体除了自身向外辐射能量外,还会受到外来电磁辐射的照射。当外来电磁波能量入射至物体表面时,一部分电磁波辐射被反射或散射,另一部分被吸收,剩下的被透射。所以根据能量守恒定律,入射功率可表示为

$$P_i = P_r + P_a + P_t \tag{2.16}$$

式中:P_r、P_a、P_t 分别为反射、吸收和透射功率。对式(2.16)用 P_i 归一化后得

$$1 = \rho + \alpha + \gamma \tag{2.17}$$

式中:ρ、α、γ 分别为反射率、吸收率和透射率。

对于不透波物体可以忽略透射功率,因此其吸收率和反射率满足

$$\rho + \alpha = 1 \tag{2.18}$$

根据基尔霍夫(Kirchhoff)定律,物体的发射率等于吸收率,即 $e = \alpha$,因此其发射率与反射率的关系为

$$e = 1 - \rho \tag{2.19}$$

由于黑体既是理想的吸收体也是理想的发射体,因此其发射率 $e = 1$,吸收率 $\alpha = 1$,反射率 $\rho = 0$。与黑体相对应的,理想金属板可认为是全发射体,其反射率 $\rho = 1$,发射率 $e = 0$。

本小节介绍了黑体辐射理论,以及亮度温度这一描述目标自身辐射特征的重要概念。下面将进一步探讨辐射测量过程,介绍视在温度和天线温度等概念。

2.2.3 辐射测量

2.2.3.1 功率与温度的关系

辐射测量中使用温度作为量纲来描述目标对象的辐射特征,因此有必要研究利用天线进行辐射测量时功率与温度间的对应关系。考虑将一个理想的无损天线置于热力学温度为 T 的黑体闭室内,如图2.3所示。

当接收天线被亮度温度均匀分布的黑体辐射源包围时,$T_B(\theta, \phi) = T$,代入式(2.14)中可得天线输出功率为

$$P_b = \frac{A_r kTB}{\lambda^2} \iint_\Omega F_n(\theta, \varphi) \, \mathrm{d}\Omega \tag{2.20}$$

式中:$F_n(\theta, \varphi)$ 为接收天线方向图;A_r 为天线有效面积。根据天线方向图立体角的定义(具体参考3.2.1节相关内容),有

$$\Omega_p = \iint_\Omega F_n(\theta, \varphi) \, \mathrm{d}\Omega = \frac{\lambda^2}{A_r} \tag{2.21}$$

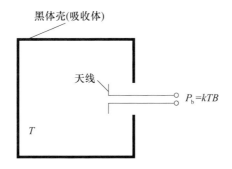

图 2.3 接收黑体辐射的天线示意图

代入式(2.20),天线输出功率可简写为

$$P_b = kTB \qquad (2.22)$$

式中:k 为玻耳兹曼常数;T 为黑体的热力学温度;B 为测量系统的带宽。

从式(2.22)可以看出,热力学温度与天线输出功率之间是线性关系。在辐射测量乃至电子学领域,温度与功率间的线性关系具有十分重要的意义,例如在电子系统的设计和测试中广泛使用噪声温度来衡量噪声功率大小。

2.2.3.2 视在温度

以对地辐射测量为例,在观测过程中地物本身发射的辐射,大气本身发射的向上辐射,以及被地物反射后进入到天线观测方向的大气辐射,会在接收天线口面前形成一定的亮度分布,记为 $I(\theta,\phi)$,则有

$$I(\theta,\phi) = \frac{2k}{\lambda^2} T_{AP}(\theta,\phi) B \qquad (2.23)$$

式中:$T_{AP}(\theta,\phi)$ 为视在温度。视在温度与被观测物体的亮度温度的区别在于:亮度温度 $T_B(\theta,\phi)$ 用来描述被观测物体自身的辐射能量分布情况;而视在温度 $T_{AP}(\theta,\phi)$ 则用来描述辐射测量中接收天线口面上的辐射能量分布,包含经过衰减后的被观测物体自身辐射能量以及外部环境辐射等所有因素。一般情况下 $T_{AP} \neq T_B$,只有在不考虑大气吸收损耗等影响的理想情况下 T_{AP} 数值与 T_B 数值近似相等,但仍需注意二者物理含义的区别。

2.2.3.3 天线温度

利用理想无损天线进行辐射测量时,若视在温度为 $T_{AP}(\theta,\phi)$,则由式(2.14)可知天线接收功率为

$$P_r = \frac{A_r k B}{\lambda^2} \iint_\Omega T_{AP}(\theta,\phi) F_n(\theta,\phi) \, \mathrm{d}\Omega \qquad (2.24)$$

根据式(2.22)中给出温度与功率的对应关系,式(2.24)可以写为

$$P_r = kT_A B \tag{2.25}$$

式中：T_A 为天线辐射测量温度，简称天线温度，其表达式为

$$T_A = \frac{A_r}{\lambda^2} \iint_\Omega T_{AP}(\theta, \phi) F_n(\theta, \varphi) \mathrm{d}\Omega \tag{2.26}$$

天线温度 T_A 并不是天线自身的热力学温度，它只是天线输出噪声功率的一种度量，与天线方向图及视在温度都有关系。

表 2.3 对本节中出现的亮度、亮度温度、视在温度和天线温度等几个概念进行了对比和总结。

表 2.3　亮度、亮度温度、视在温度和天线温度对比

术语	符号	单位	物理含义
亮度	$I(\theta, \phi)$	$\mathrm{W \cdot sr^{-1} \cdot m^{-2}}$	表示单位面积的展源目标在单位立体角内所发射的功率
亮度温度	$T_B(\theta, \phi)$	K	描述物体自身辐射能量的分布情况，与亮度成正比
视在温度	$T_{AP}(\theta, \phi)$	K	描述辐射测量时接收天线口面前的辐射能量分布情况，与物体自身辐射、大气衰减以及外部环境辐射等因素有关
天线温度	T_A	K	描述天线输出噪声功率的大小，不代表天线自身的热力学温度

2.3　辐射信号接收与检测

2.3.1　辐射计工作原理

辐射计用于对目标微波辐射信号的功率进行测量。而在实际中，大量的微波辐射测量应用中往往使用"等效温度"来表示功率，这一基本概念在 2.2 节中已有详细介绍。

考虑一个理想的辐射计天线指向亮温为 T_B 的目标（图 2.4）。设定接收机输出信号功率为 P_r，对应的天线温度为 T_A。

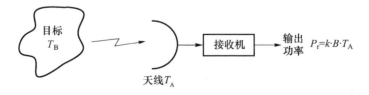

图 2.4　理想辐射计工作示意图

微波辐射测量的目的正是要建立起天线温度 T_A 与目标亮温 T_B 间的关系。因此，微波辐射计需要以足够高的分辨力和准确度测量出天线温度，从而保证可

以正确地反演重建出目标亮温。在这种意义下,微波辐射计可简化认为是一个经过定标的微波接收机。

实际应用中的辐射计系统,可以用等效输入系统噪声温度 T_{sys} 来表征辐射计系统自身的噪声基底功率。T_{sys} 与等效输入系统噪声功率 P_{sys} 相对应,包含接收机、天线损耗和场景辐射等各项所产生的噪声的总和。

系统噪声温度 $T_{sys} = T'_A + T_R$,由两部分组成:①接收机噪声温度 T_R,表征辐射计系统接收机内部热噪声功率水平(详细内容在第 4 章中介绍);②天线噪声温度 T'_A,表征辐射计系统天线输出的噪声功率水平,与地面环境辐射、大气传输衰减、天线损耗等因素有关。对于一个辐射效率为 η,热力学温度为 T_p 的天线而言,其噪声温度可以表示为

$$T'_A = \eta T_A + (1 - \eta) \cdot T_p \tag{2.27}$$

式中,T_A 为由无损天线观测场景时对应的天线(辐射测量)温度。考虑实际天线的测量输出中除了主瓣的贡献外还会受到旁瓣的贡献,因此其天线温度可写为

$$T_A = \eta_M T_{ML} + (1 - \eta_M) \cdot T_{SL} \tag{2.28}$$

式中:η_M 为天线的主波束效率(详细定义参考 3.2.1 节);T_{ML} 为主瓣贡献的有效视在温度;T_{SL} 为旁瓣贡献的视在亮温。将 T_A 的表达式代入式(2.27)中,可得实际天线噪声温度的表达式为

$$T'_A = \eta \eta_M T_{ML} + \eta (1 - \eta_M) \cdot T_{SL} + (1 - \eta) \cdot T_p \tag{2.29}$$

对于理想无损天线,辐射效率 $\eta = 1$,主波束效率 $\eta_M = 1$,式(2.29)可以简化为

$$T'_A = T_{ML} \tag{2.30}$$

实例:一个辐射计系统天线辐射效率为 $\eta = 60\%$,天线热力学温度为 $T_p = 300K$,天线(辐射测量)温度为 $T_A = 280K$,接收机噪声温度为 $T_R = 710K$,则天线噪声温度为 $T'_A = 0.4 \times 300K + 0.6 \times 280K = 288K$,系统噪声温度为 $T_{sys} = 288K + 710K = 998K$。

对于图 2.5 给出的基于超外差接收机体制的全功率辐射计,其输出电压与等效输入系统噪声功率 P_{sys}(或系统噪声温度 T_{sys})成比例,通过对 P_{sys} 产生的输出电压进行测量和定标,即可估计出天线噪声温度 T'_A 以及观测场景对应的天线

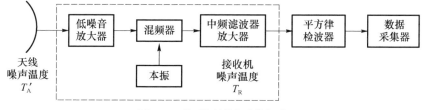

图 2.5　典型辐射计系统组成

温度 T_A。对不同体制辐射计定标的具体方法将在后续章节详述。

2.3.2 系统温度灵敏度

当辐射计作为一种目标探测传感器时,其基本功能是实现目标检测,因此系统温度灵敏度就成为衡量辐射计探测性能的重要指标。在辐射测量学中对温度灵敏度(ΔT_{sys})的定义是:辐射计输出端可检测到的天线噪声温度 T'_A 的最小变化值。

为了更加直观地理解系统温度灵敏度概念,以前文中所提到的辐射计系统为例,考虑这样一种情况:希望在天线(辐射测量)温度 $T_A = 280K$ 的场景中,达到 $\Delta T_{sys} = 1K$ 的系统温度灵敏度。对于系统噪声温度 $T_{sys} = T'_A + T_R = 1000K$ 的辐射计系统,进行目标检测所面临的问题就是要在噪声温度为 1000K 的信号中检测出 1K 的噪声温度变化;换言之,辐射计需能够区分等效输入系统噪声温度分别为 1000K 与 1001K 时输出信号之间的差异。正因如此,系统温度灵敏度 ΔT_{sys} 也常称为系统温度分辨力。

显然,高系统灵敏度意味着需要降低系统输出端信号的波动。通过对噪声信号多次独立样本取平均(时间积累)可以降低其随机波动(输出信号的标准差)。于是辐射计系统灵敏度的基本公式可以表示为

$$\Delta T_{sys} = \frac{T_{sys}}{\sqrt{B \cdot \tau}} = \frac{T'_A + T_R}{\sqrt{B \cdot \tau}} \qquad (2.31)$$

式中:T_{sys} 为辐射计系统噪声温度;T'_A 为天线噪声温度;T_R 为接收机噪声温度;B 为接收机带宽;τ 为积累时间。

实例:考虑辐射计系统噪声温度为 $T_{sys} = T'_A + T_R = 290K + 710K = 1000K$,当接收机带宽为 $B = 100MHz$,积累时间为 $\tau = 10ms$ 时,辐射计系统灵敏度为

$$\Delta T_{sys} = \frac{290 + 710}{\sqrt{10^8 \times 10^{-2}}} = 1 \quad (K) \qquad (2.32)$$

2.3.3 系统空间分辨力

系统空间分辨力(或角度分辨力)用来表示辐射探测系统在空间中(或角度上)分辨相邻两个目标的能力。

辐射探测系统的角度分辨力通常取决于所采用天线的波束宽度。一般情况下,天线的波束宽度是指天线的半功率(3dB)波束宽度。

如图 2.6 所示,半功率波束宽度表示天线方向图中功率相对于峰值下降一半(相对电压下降为 0.707)处所对应的波束宽度。有时也用零点波束宽度来表征系统的角度分辨力,其定义为天线方向图第一零点处所对应的波束宽度。天线零点波束宽度近似为其半功率波束宽度的 2 倍。

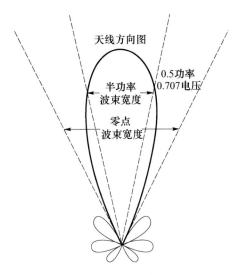

图 2.6　天线波束宽度

如果相同距离处的两个目标能够通过半功率波束宽度进行区分,就说明这两个目标在角度上是可以分辨的。天线的波束宽度与天线孔径的大小以及天线形式有关。对于给定的天线形式,其半功率波束宽度可以表示为

$$\Delta\theta_{3\text{dB}} = k\frac{\lambda}{D} \tag{2.33}$$

式中:D 为孔径的尺寸;λ 为波长;k 是称为波束宽度因子的比例常数,取值与天线口面的照射函数类型有关。波束宽度因子 k 的单位是度(或弧度),其典型的取值范围为 50° ~ 70°,均匀圆照射函数[3]对应的波束宽度因子 k 取值为 58.2°。

系统空间分辨力与系统角度分辨力相对应,可以表示为

$$\Delta W = k\frac{\lambda}{D} \cdot R \tag{2.34}$$

式中:R 为辐射探测系统与目标间的距离;k 的数值需换算为弧度。

实例:机载对地观测应用中,系统天线直径为 $D = 300\text{mm}$,波束宽度因子 $k = 58.2°$,若系统工作频率为 35GHz(波长为 8.6mm),则系统的角度分辨力为

$$\Delta\theta_{3\text{dB}} = k\frac{\lambda}{D} = 1.7° \tag{2.35}$$

若系统高度为 $R = 10\text{km}$,则对地探测时的空间分辨力为

$$\Delta W = k\frac{\lambda}{D} \cdot R = 0.3 \quad (\text{km}) \tag{2.36}$$

若系统频率提高至 94GHz(波长为 3.2mm),则系统对地观测时的空间分辨力为

$$\Delta W = k \frac{\lambda}{D} \cdot R = 0.1 \quad (\text{km}) \tag{2.37}$$

显然,辐射探测系统的空间分辨力是由天线孔径、工作波长和探测距离共同决定的,提高系统工作频率可以改善系统的角度和空间分辨力。

需要说明的是,以上的系统温度灵敏度、空间分辨力的计算公式是以全功率辐射计(Total Power Radiometer)为例给出。对于采用不同工作体制、检测方法的辐射计系统,相应的系统温度灵敏度和空间分辨力的分析计算方法有所不同,具体可以参考第 5 章、第 6 章。

2.3.4 辐射计基本类型

2.3.4.1 全功率辐射计

全功率辐射计是最基本的一种辐射测量技术体制。顾名思义,它通过测量天线和接收机的总噪声功率来估计观测场景对应的天线温度。全功率辐射计的组成框图如图 2.7 所示,通常由天线、接收机、检波器和积分器等部件组成。

图 2.7　全功率辐射计组成框图

辐射探测中对天线的基本设计要求是保证较高的天线效率和主波束效率,具体天线形式可以根据应用需求选用喇叭天线、反射面天线或透镜天线等,详细内容请参考 3.2 节。与天线相连的接收机的基本功能是完成对输入的宽带噪声信号的放大和滤波,通常使用噪声系数 F_n、带宽 B 和增益 G 等参数来描述接收机的性能。在进行辐射计系统设计时,可以根据工作频段、性能指标和器件水平等因素来确定接收机的工作体制,包括超外差式或直接放大接收体制等。有关辐射计接收机的详细内容请参考 3.3 节。

检波器在电子侦察(如雷达告警)接收机中应用广泛,常用的检波器包括平方律检波器、线性检波器以及对数检波器。由于平方律检波器的输出电压正比于输入功率,进而也正比于系统噪声温度,因此在全功率辐射计中应用广泛。检波器的输出信号通常称为视频信号,通过积分器进行积累平滑后可以降低信号波动,所以增加积累时间可以提高系统灵敏度,改善测量精度。

2.3.4.2 狄克辐射计

全功率辐射计接收机的增益波动同样会引起系统输出电压的波动。因此,在增加积累时间提高系统灵敏度的同时,需要考虑如何避免增益随着时间的漂移对系统灵敏度的恶化。为了克服全功率辐射计由于增益起伏导致系统温度灵敏度恶化的问题,1946 年 R. H. Dicke 提出了狄克辐射计,其基本工作原理如图 2.8所示。

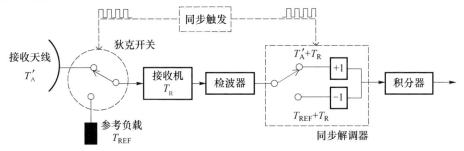

图 2.8　狄克辐射计工作原理

与全功率辐射计相比,狄克辐射计增加了狄克开关(单刀双掷射频开关)和同步解调器,通过脉冲同步触发射频开关和同步解调器进行切换,使接收机交替接收并处理来自匹配负载和天线的热噪声信号。当开关的切换速率很高,并且保证在一个开关周期内(典型值为 1ms)系统的增益基本不变时,利用同步解调器可以抵消两路输入中共有的接收机噪声温度分量 T_R。因此,狄克辐射计中积分器输出电压正比于天线噪声温度与参考负载噪声温度之差 $T'_A - T_{REF}$,而与接收机噪声温度无关,从而避免了接收机增益随时间缓慢波动对系统灵敏度的影响。

总之,狄克辐射计通过采用测量天线与参考源之间的温度差异,而非直接测量天线温度的方式,有效提高了长时间情况下的系统稳定度,并保证了系统的温度灵敏度。基于该原理进一步发展出了多种辐射计体制,包括平衡狄克辐射计、噪声注入辐射计(NIR)等,感兴趣的读者可以查阅相关参考文献[4]。

全功率辐射计虽然存在增益波动的问题,但由于结构简单,在测量时间较短或定期标校的情况下仍可以保证良好的探测性能,因此在末制导、安检、遥感等领域也广泛应用。

以上介绍的两类基本辐射计均采用实孔径天线,因此又可统称为实孔径辐射计,第 5 章中将会对实孔径辐射计的应用进行详细介绍。除实孔径辐射计外,还有一大类重要的辐射计类型就是干涉式辐射计,相应的干涉式辐射测量基本原理将在下一节中进行介绍。

2.4　干涉式辐射测量

干涉技术在微波辐射信号测量中应用由来已久,尤其是在射电天文领域。

干涉技术在天文观测领域的应用最早可以回溯至1890—1921年间,美国著名实验物理学家迈克尔逊的光学研究成果——迈克尔逊星体干涉仪,利用两个分置孔径对接收到的星体光源进行干涉处理,通过对其干涉条纹幅度的测量,可以实现对星体角径的高精度测量。由于光学辐射和微波辐射在基础理论方面有很多相似之处,因此光学干涉技术研究成果对微波辐射干涉测量技术的快速发展起到重要的参考借鉴作用。微波辐射干涉测量中的一些重要术语"干涉条纹(Fringe)""干涉条纹可见度(Fringe Visibility)"也均来源于光学。1946年,赖利(Ryle)利用二元干涉仪完成了对太阳的首次射电天文观测。此后干涉式微波辐射信号测量技术经历了快速的发展,并在射电天文和微波遥感领域取得了很多辉煌的成果[5,6]。

2.4.1 干涉仪工作原理

2.4.1.1 干涉仪测向

首先介绍对单频点源进行干涉仪测向的基本原理。最简单的二元干涉仪由两个通道组成,通道间输出的相位差与接收到的电磁波信号的入射方向有关,通过测量双通道相位差可以计算辐射源的方向,因此二元干涉仪又称为相位干涉仪,其基本组成如图2.9所示。

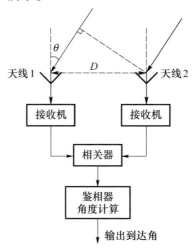

图2.9　二元干涉仪测向原理

平面电磁波从与天线法线夹角为 θ 的方向入射到达天线1、2,到达两天线的两路信号在空间中传播的路程差称为波程差,可以表示为

$$\Delta R = D \cdot \sin\theta \qquad (2.38)$$

式中:D 为两天线间距,称为干涉基线长度。当两个接收机通道相位响应完全一致时,接收机输出信号的相位差 ϕ 取决于两路入射信号的频率和波程差,为

$$\phi = 2\pi \cdot f_c \cdot \frac{\Delta R}{c} = \frac{2\pi D}{\lambda} \cdot \sin\theta \qquad (2.39)$$

式中:f_c 为信号载波频率;c 为光速;$\lambda = c/f_c$ 为信号波长。

两路接收机信号经相关器处理后输出的幅度响应与光学干涉中干涉条纹类似,称为干涉条纹函数。不考虑单元天线的方向性时,干涉条纹函数可表示为

$$r(\theta) = \cos\left(\frac{2\pi D \sin\theta}{\lambda}\right) \qquad (2.40)$$

式(2.40)中干涉条纹的幅度表示对点源进行干涉测量时,点源角度的变化在输出电压上引入的振荡,其效果类似于天线方向图,称为条纹方向图。图 2.10 给出了基线长度 $D = 10\lambda$ 的干涉仪的条纹方向图。显然,不同基线长度的干涉仪具有不同的条纹方向图,并且随着 θ 角偏离正前方,振荡频率会降低。

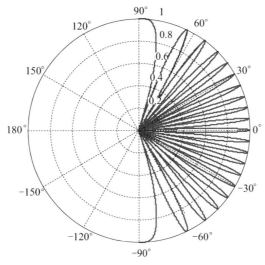

图 2.10　条纹方向图(见彩图)

在不存在相位模糊的情况下,利用相关器干涉输出提取相位差 ϕ(称为鉴相),即可求解出信号的到达方向角

$$\theta = \arcsin\frac{\phi\lambda}{2\pi D} \qquad (2.41)$$

由于干涉仪输出相位差 ϕ 是以 2π 为周期模糊的,即 $\phi \in [-\pi, \pi)$。将 $\phi_{max} = \pi$ 代入式(2.41)可得

$$\theta_{max} = \arcsin\frac{\lambda}{2D} \qquad (2.42)$$

因此,基线长度为 D 的干涉仪的最大不模糊测角范围,即视场范围(FOV)为

$$\theta_u = 2\theta_{max} = 2\arcsin\frac{\lambda}{2D} \tag{2.43}$$

由式(2.42)可知,要得到较大的视场范围应该尽量采用短基线。

实际应用中存在的测量误差会影响信号到达方向角的估计精度,对于基线固定的干涉仪(D 为常数),将式(2.39)中 $\phi = 2\pi D\sin\theta/\lambda$ 两边求微分,可得干涉仪的测角误差为

$$\Delta\theta = \frac{\Delta\phi\lambda}{2\pi D\cos\theta} + \frac{\Delta\lambda}{\lambda}\tan\theta \tag{2.44}$$

由式(2.44)可知,测角误差主要来源于相位误差 $\Delta\phi$ 和频率(波长)误差 $\Delta\lambda$,并与 λ/D 成正比。因此,要提高测向精度应尽可能采用长基线。

显然,对于单基线干涉仪测向应用,提高测向精度与增加视场范围间存在着矛盾,因而实际应用中往往采用多基线干涉仪方法。

2.4.1.2 宽带空间响应

由于辐射测量中接收的是物体辐射的宽带随机噪声信号,因此必须考虑信号宽带对干涉式辐射计空间响应的影响。仍以图 2.9 所示的点源观测场景为例,假设两个单元天线的方向图为 $F_n(\theta)$,接收通道的频率响应一致且带宽为 B,则对于 θ 方向上的点源目标,相关辐射计输出的干涉条纹函数为

$$\begin{aligned}r(\theta) &= F_n(\theta)\text{sinc}\left(B\frac{D\sin\theta}{c}\right)\cos\left(2\pi\frac{D\sin\theta}{\lambda}\right)\\&= F_n(\theta)F_B(\theta)\cos\left(2\pi\frac{D\sin\theta}{\lambda}\right)\end{aligned} \tag{2.45}$$

式(2.45)中等号右边可以分为三项:第一项 $F_n(\theta)$ 代表单元天线方向图;第二项 $F_B(\theta) = \text{sinc}(BD\sin\theta/c)$ 通常称为带宽方向图或者消条纹函数,由于目标的微波热辐射信号是宽带随机噪声信号,这一项描述了宽带信号进行双通道互相关处理时宽带响应对条纹函数的调制效应,其影响程度与接收带宽 B 和基线长度 D 有关,且幅度随着 θ 角增大而降低;第三项 $\cos(2\pi D\sin\theta/\lambda)$ 为式(2.40)中提出的条纹方向图。

当点源辐射窄带信号时,带宽方向图 $F_B(\theta)$ 的影响可以忽略,式(2.45)条纹函数表达式简化为与式(2.40)一致的窄带空间响应模型。为了更好地说明干涉式辐射计的空间响应,假定一个双通道干涉式辐射计基线和带宽参数满足 $D/\lambda = 10$,$BD/c = 1/3$。不考虑单元天线方向图的影响时,此辐射计对宽带点源的空间响应如图 2.11 所示。

因此,与实孔径辐射计的空间响应仅取决于其天线方向图不同,干涉式辐射

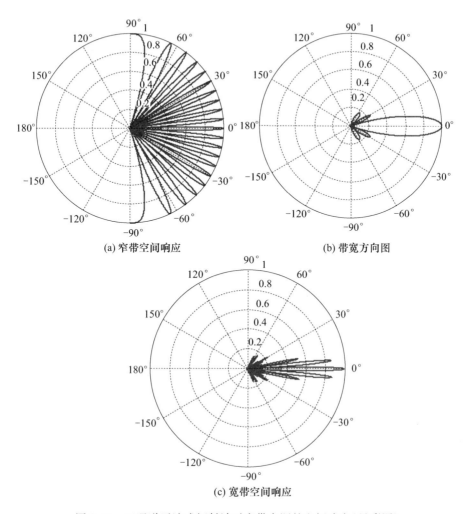

(a) 窄带空间响应　　　　　　　　(b) 带宽方向图

(c) 宽带空间响应

图 2.11　双通道干涉式辐射计对宽带点源的空间响应(见彩图)

计的空间响应不仅与单元天线方向图有关,还与干涉基线和接收机带宽有关。

2.4.2　干涉式辐射计

　　需要指出的是,电子侦察应用中干涉仪通常不用于目标检测而仅作为测向设备使用,直接通过测量通道输出的信号相位或相位差即可计算出辐射源方向,因此其灵敏度取决于单元天线增益和接收机的灵敏度。有鉴于此,有的文献提出干涉仪"系统简单、测向精度高、灵敏度低"的观点,确切地来讲,这一结论是有其明确的应用场景限定的,不能推广到所有情况。尤其在微波辐射测量应用中,目标信号为微弱的宽带连续噪声信号,必须考虑基于干涉仪的高灵敏度检测问题。下面以最基本的二元干涉辐射测量设备——相关辐射计(Correlation Radiometer)为例,介绍干涉式辐射计的工作原理并介绍其系统灵敏度。

相关辐射计工作原理如图 2.12 所示,两个天线指向同一点源目标,两路接收通道输出的电压可以表示为

$$U_1 = s + n_1$$
$$U_2 = s + n_2 \tag{2.46}$$

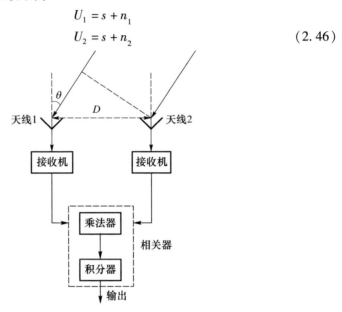

图 2.12 相关辐射计原理

式中:s 代表目标,$n_i(i=1,2)$ 代表两路接收机的噪声电压。为简化起见,忽略通道和天线的影响,由 2.3.1 节可知,接收机输出的目标信号分量功率与目标有效视在温度 T_{AP} 成正比,因此有

$$s = \sqrt{kT_{AP}B} \tag{2.47}$$

式中:k 为玻耳兹曼常数;B 为接收机带宽。

相关辐射计双通道输出电压信号经过乘法器和积分器后,输出电压为

$$U_{out} = <U_1 U_2> = <s^2> + <sn_1> + <sn_2> + <n_1 n_2> \tag{2.48}$$

由于信号与噪声互不相关,且两个通道的噪声也不相关,故随着积分时间的增加式(4.48)中后三项趋于零,此时输出电压为

$$U_{out} = <U_1 U_2> = kT_{AP}B \tag{2.49}$$

由式(2.49)可知,干涉式辐射计的输出电压与目标辐射的亮温成正比,这与全功率辐射计类似。但是,前者的优点在于输出电压与接收机噪声功率(对应其噪声温度 T_R)无关,可以较好地避免全功率辐射计中接收机噪声对应的直流输出分量的波动。

假设相关辐射计的两路接收机噪声温度相同,且具有理想的频率响应,则其

系统温度灵敏度可以写为

$$\Delta T_{sys} = \frac{T_{sys}}{\sqrt{2B\tau}} = \frac{T'_A + T_R}{\sqrt{2B\tau}} \qquad (2.50)$$

式中: T_{sys} 为等效输入系统噪声温度; T'_A 为天线噪声温度; T_R 为接收机噪声温度; B 为接收机带宽; τ 为积累时间。

2.4.3 亮温与可见度

前面两个小节中给出了干涉式辐射计对点源的空间响应,对点源目标观测时辐射计输出与目标辐射亮温成正比。鉴于辐射测量应用中关注的对象往往是均有一定分布面积的展源目标,下面给出干涉式辐射计对展源目标进行观测时涉及的相关概念和模型。

如图 2.13 所示,为了叙述简单,仍以一维情况为例分析干涉式辐射计对展源的响应。

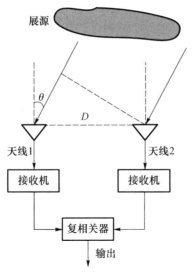

图 2.13 展源目标干涉测量

假设展源目标的辐射亮温分布为 $T(\theta)$,考虑其在 θ 方向上单位角度 $d\theta$ 内的微小面元对应的辐射,单元天线在单位带宽 df 内所接收到的信号功率为

$$dP = A_r \frac{k}{\lambda^2} T(\theta) F_n(\theta) df d\theta \qquad (2.51)$$

式中: A_r 为单元天线有效接收面积; $F_n(\theta)$ 为单元天线方向图。当目标位于阵列远场区且阵元间幅相响应一致时,各通道输出信号的幅度相同,相位差为 $\phi = 2\pi D \sin\theta / \lambda$ 。

把通道接收到的展源目标辐射信号送入复相关器进行处理,通过频域和空域上的积分,获得的干涉条纹函数为

$$r(\theta) = \frac{kA_r\Delta f}{2\lambda^2}\int_0^{2\pi}T(\theta)F_n(\theta)F_B(\theta)\mathrm{e}^{\mathrm{j}2\pi D\sin\theta/\lambda}\mathrm{d}\theta \qquad (2.52)$$

式中:$F_B(\theta) = \mathrm{sinc}(\Delta fD\sin\theta/c)$ 为式(2.45)中所讨论的带宽方向图(或称为消条纹函数);$\mathrm{e}^{\mathrm{j}2\pi D\sin\theta/\lambda}$ 为复数形式的条纹方向图(由于采用了复相关器)。

定义干涉条纹可见度为

$$V(D) = \int_0^{2\pi}T'(\theta)\mathrm{e}^{\mathrm{j}2\pi D\sin\theta/\lambda}\mathrm{d}\theta \qquad (2.53)$$

式中 $T'(\theta) = T(\theta)F_n(\theta)F_B(\theta)$ 表示经过天线方向图和带宽方向图加权后的展源亮温分布,称为修正亮温。将式(2.53)代入式(2.52),则干涉式辐射计的复相关器输出可写为

$$r(\theta) = \frac{kA_r\Delta f}{2\lambda^2}V(D) \qquad (2.54)$$

式(2.54)说明,与实孔径辐射计测量输出正比于观测场景辐射亮温不同,干涉式辐射计的测量输出与观测场景的可见度成正比。

当目标为 θ_0 方向上的点源时,其场景亮温分布可表示为冲击函数 $T\delta(\theta-\theta_0)$,代入式(2.53)中可得 $V(D) = F_n(\theta_0)F_B(\theta_0)T\mathrm{e}^{\mathrm{j}2\pi D\sin\theta_0/\lambda}$,其实部与式(2.45)中给出的点源空间响应一致。

下面分析场景亮温的估计问题。对于同一场景进行干涉测量时,基线长度 D 不同,则输出的可见度不同。采用空间频率 u 来描述干涉测量基线为

$$u = D/\lambda \qquad (2.55)$$

其数值等于以波长为单位来计量的基线长度,因此有时仍称为基线长度。干涉条纹可见度 V 是空间频率 u 的函数,被称为可见度函数 $V(u)$。将空间频率 $u = D/\lambda$ 和方向余弦 $l = \sin\theta$ 代入式(2.53)中做变量替换,可见度函数 $V(u)$ 的表达式可写为

$$V(u) = \int_{-\infty}^{+\infty}T'(l)\mathrm{e}^{\mathrm{j}2\pi ul}\mathrm{d}l \qquad (2.56)$$

式中:$T'(l) = T(\theta)F_n(\theta)F_B(\theta)/\sqrt{1-l^2}$ 仍称为修正亮温,表示场景亮温在空域上的分布情况,而其可见度函数 $V(u)$ 则表示场景亮温的空间频率域上的谱分布。

某一固定基线 $u_0 = D_0/\lambda$ 的干涉辐射计只能测得可见度函数的一个采样值 $V(u_0)$,从空频域的角度来看是空间频率 u_0 处的冲击函数 $\delta(u-u_0)$ 与可见度函数 $V(u)$ 的乘积,而从空域的角度来看则是对场景亮温分布的空间滤波。因此,对场景辐射亮温分布的干涉测量过程实质上是对其可见度函数的采样测量过

程,有时也称为空间频率采样。

　　根据这一原理,干涉式辐射计中往往利用多个干涉基线对场景进行空间频率离散采样,获得一组可见度函数 $V(u)$ 的测量值,对其进行逆傅里叶变换就可得到场景修正亮温的估计值

$$\hat{T}'(l) = \int_{-\infty}^{+\infty} V(u)\mathrm{e}^{-\mathrm{j}2\pi ul}\mathrm{d}u \qquad (2.57)$$

　　上述过程在辐射测量中被称为亮温反演。显然,反演处理的效果取决于可见度函数和反演算法性能。有关干涉测量基线分布和反演处理算法的详细内容将在本书第 6 章中介绍。

参考文献

[1] 乌拉比 F T,穆尔 R K,冯健超. 微波遥感[M]. 北京:科学出版社,1988.

[2] 李兴国,李跃华. 毫米波近感技术基础[M]. 北京:北京理工大学出版社,2009.

[3] 斯科尼克(Skolnik MI). 雷达手册[M]. 3 版. 南京电子技术研究所,译. 北京:电子工业出版社,2010.

[4] Skou N,Le V D. Microwave Radiometer System Design and Analysis[M]. 2nd ed. Artech House,2006.

[5] Thompson A R,Moran J M,Swenson Jr GW. Interferometry and Synthesis in Radio Astronomy [M]. 2nd ed. Wiley – VCH,2004.

[6] Jeffrey A N. Microwave and Millimeter – Wave Remote Sensing for Security Applications[M]. Artech House,2012.

第 3 章
辐射测量工程基础

3.1 引 言

精确的微波辐射测量离不开高性能的辐射测量系统,本章将对与进行微波辐射测量系统设计相关的天线、接收机以及数字信号处理等基础工程理论进行介绍。其中,3.2 节首先介绍辐射测量系统天线的基本性能参数、类型和工作原理;3.3 节介绍辐射测量系统接收机的原理及相关设计方法;3.4 节对辐射测量系统所涉及的数字信号处理概念和原理进行介绍。

3.2 天 线

在微波辐射测量系统中,由天线实现对空间中传播信号的接收,因此其性能直接影响辐射测量的效果。

3.2.1 天线原理

实际中天线在辐射信号时,向空间各个方向辐射的功率分布是不均匀的,这一分布被称为天线方向图。常见的天线具有互易性,即天线的接收方向图与它的辐射方向图相同。因此从天线辐射方向图推导出来的天线基本参数,同样适用于接收天线。天线辐射方向图可以用方向图立体角、主波束立体角、主波束效率及方向性系数等参数来描述,不过在实际的天线分析设计和测试应用中,通常采用天线主瓣宽度、主、副瓣比、增益及极化形式等指标来衡量天线的性能。下面将对天线所涉及的以上基本概念及各概念之间的相互关系进行介绍。

3.2.1.1 天线方向图与主瓣

通常用归一化天线方向图 $F_n(\theta,\phi)$ 来描述天线的辐射特性

$$F_n(\theta,\phi) = \frac{F(\theta,\phi)}{F(\theta,\phi)_{max}} \qquad (3.1)$$

式中：$F(\theta,\phi)$ 为天线辐射强度的空间分布；$F(\theta,\phi)_{\max}$ 为天线的最大辐射强度；θ 和 ϕ 分别为俯仰角和方位角。如图 3.1 所示，天线辐射具有方向性，大部分能量从指定的角度范围内辐射出去，该角度范围称为主瓣；除了主瓣外，天线方向图中还存在难以避免的副瓣。

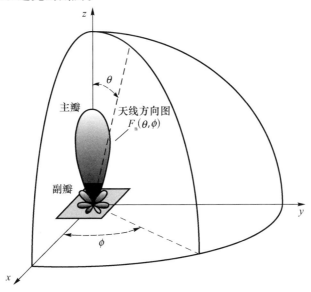

图 3.1　球坐标系与归一化天线方向图

天线辐射方向图可用主波束立体角、主瓣宽度等参数来描述。首先给出天线方向图立体角的定义[1]：

$$\Omega_{\mathrm{p}} = \iint\limits_{4\pi} F_{\mathrm{n}}(\theta,\phi)\,\mathrm{d}\Omega \tag{3.2}$$

式中：$\mathrm{d}\Omega = \sin\theta\mathrm{d}\theta\mathrm{d}\phi$，立体角的量纲是立体弧度（sr）。根据归一化方向图的定义，式（3.2）可改写成如下形式：

$$\Omega_{\mathrm{p}} = \iint\limits_{4\pi} \frac{F(\theta,\phi)}{F(\theta,\phi)_{\max}}\mathrm{d}\Omega = \frac{\iint\limits_{4\pi} F(\theta,\phi)\,\mathrm{d}\Omega}{F(\theta,\phi)_{\max}} \tag{3.3}$$

式中：分子为天线辐射的总功率。在相同的辐射总功率下，天线辐射到空间的辐射功率越集中在某一个方向上，此方向上的辐射强度则越强，上述定义的天线辐射方向图立体角也就越小。因此，天线辐射方向图立体角 Ω_{p} 反映天线辐射能量在空间上的集中程度。

例如，一个无方向性的天线在空间各个方向上发射出相同的辐射强度，则有 $F_{\mathrm{n}}(\theta,\phi)=1$，即该天线的辐射方向图立体角为 $\Omega_{\mathrm{p}}=4\pi$ 立体弧度。

沿用与方向图立体角类似的定义，将积分区间限定在主波束范围内，即可得

到主波束立体角表达式为

$$\Omega_{\mathrm{M}} = \iint_{\text{主波束}} F_{\mathrm{n}}(\theta,\phi)\,\mathrm{d}\Omega \tag{3.4}$$

主波束范围由辐射方向图 $F_{\mathrm{n}}(\theta,\phi)$ 下降到第一零点时所包括的空间范围确定。主波束立体角还可以理解为天线主波束内的辐射功率与最大辐射强度的比值,不过需要指出的是,主波束立体角不等于主波束范围对应的立体角。

虽然天线方向图 $F_{\mathrm{n}}(\theta,\phi)$ 的空间特性可以在球面坐标系中用天线方向图立体角 Ω_{p} 和主波束立体角 Ω_{M} 来表征,但在实际天线设计和测试中为了方便起见,往往在平面上用主瓣宽度和主副瓣比等参数来描述天线方向图的形状。

如图 3.2 所示,天线辐射方向图相对峰值功率下降一半处对应的波束宽度称为 3dB 波束宽度 $\Delta\theta_{3\mathrm{dB}}$(又称为半功率波束宽度),而天线方向图第一零点间的波束宽度则称为零点波束宽度 $\Delta\theta_{\mathrm{null}}$。天线零点波束宽度近似为半功率波束宽度的 2 倍,即 $\Delta\theta_{\mathrm{null}} \approx 2\Delta\theta_{3\mathrm{dB}}$。

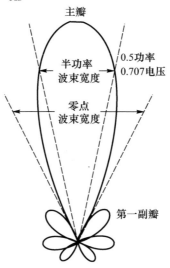

图 3.2　天线方向图主瓣宽度

天线波束宽度既与天线孔径大小有关,也与孔径上电场的振幅和相位分布有关。对于给定的天线形式,其半功率波束宽度可以表示为

$$\Delta\theta_{3\mathrm{dB}} = k\frac{\lambda}{D_{\mathrm{a}}} \tag{3.5}$$

式中:D_{a} 为天线孔径的尺寸;λ 为工作波长;k 为与天线口面照射函数类型相关的波束宽度因子。波束宽度因子既可以用弧度,也可以用度来表示,其典型的取值范围为 $50° \sim 70°$。均匀线性照射函数对应的波束宽度因子 k 取值为 $50.8°$。

若以 $\Delta\theta_{3\mathrm{dB}}$ 和 $\Delta\phi_{3\mathrm{dB}}$ 分别表示天线方向图在方位平面和俯仰平面的半功率波

束宽度,则天线方向图立体角 Ω_p 可以近似地表示为方位波束宽度和俯仰波束宽度的乘积:

$$\Omega_p \approx \Delta\theta_{3dB} \cdot \Delta\phi_{3dB} \tag{3.6}$$

天线方向图中主瓣与旁瓣电平之比称为主副瓣比。天线方向图满足低副瓣、高主副瓣比是辐射测量中天线设计的重要目标之一。此外,天线主瓣与副瓣内辐射功率的比例关系还可以用主波束效率来描述,其定义为

$$\eta_M = \frac{\Omega_M}{\Omega_p} \tag{3.7}$$

式(3.7)表明,天线的旁瓣电平越低,辐射能量就越集中在主波束内,主波束效率就越高。天线方向图的主副瓣比越高,其主波束效率也越高。

3.2.1.2　方向性与天线增益

为了更好地描述某一指定方向上的天线的性能,定义天线的方向性系数 $D(\theta,\phi)$,表示该指定方向上天线辐射强度与 4π 空间内辐射强度平均值的比值:

$$D(\theta,\phi) = \frac{F_n(\theta,\phi)}{\dfrac{1}{4\pi}\iint_{4\pi} F_n(\theta,\phi)\,d\Omega} \tag{3.8}$$

根据式(3.2)中天线方向图立体角的定义,式(3.8)可以改写为如下形式:

$$D(\theta,\phi) = \frac{4\pi}{\Omega_p}F_n(\theta,\phi) = D_0 F_n(\theta,\phi) \tag{3.9}$$

式中

$$D_0 = \frac{4\pi}{\Omega_p} \tag{3.10}$$

由于 $F_n(\theta,\phi)$ 的最大值为 1,D_0 就是天线的最大方向性系数,它与辐射方向图立体角 Ω_p 成反比,Ω_p 越小 D_0 越大,天线的方向性就越强。

假设一个天线的波束立体角为 $\Omega_p = 2\pi$ 立体弧度,即只覆盖空间上半球面,则其最大方向性系数为 $D_0 = 4\pi/2\pi = 2$,用分贝可表示为 $D_0 = 3\text{dBi}$。

天线的方向图与天线面积和工作波长有关,以面积为 A、工作波长为 λ 的矩形口面天线为例,当电场振幅和相位均匀分布时,其天线方向图立体角和最大方向性系数分别可以表示为

$$\Omega_p = \frac{\lambda^2}{A} \tag{3.11}$$

$$D_0 = \frac{4\pi}{\lambda^2}A \tag{3.12}$$

天线孔径上电场振幅和相位的分布形式会影响天线的方向性,考虑其影响引入天线有效面积的概念,最大方向性系数 D_0 与天线有效面积 A_e 的关系为

$$D_0 = \frac{4\pi}{\lambda^2} A_e = \frac{4\pi}{\lambda^2} \eta_a A \qquad (3.13)$$

式中：$\eta_a = A_e/A$ 为天线的孔径效率，其取值范围为 $0 \leqslant \eta_a \leqslant 1$。$\eta_a$ 的具体数值与天线形式有关，对于一般的喇叭和抛物面天线，孔径效率一般为 50% ~ 80%。

以上给出了理想无损天线的方向性与天线面积的关系，天线孔径面积越大，对应的天线方向图的波束宽度就越窄、天线方向性就越强；而对于同样的天线口径面积，天线孔径效率降低，将会导致天线波束展宽、天线方向性变差。

实际中的天线都是有损器件，为此引入天线增益 $G(\theta, \phi)$ 这一概念来描述实际天线的方向性，其与理想无损天线的方向性系数之间的关系为

$$G(\theta, \phi) = \eta_L D(\theta, \phi) \qquad (3.14)$$

式中：$\eta_L (0 \leqslant \eta_L \leqslant 1)$ 是辐射效率，表示由天线部件、传输线或天线罩等造成的损耗。

假设一个天线损耗为 0.5dB，即 $\eta_L = 0.89$，则意味着输入天线的功率中 89% 的部分被辐射到空间，剩余 11% 的功率则转化为热能耗散在天线中。对于设计良好的天线能够做到损耗小于 1dB，从而保证较高的辐射效率（η_L 接近于 1）。

总之，天线增益不仅表示天线的方向性特性，还考虑了天线的损耗。从这个意义上讲，无损天线的增益就是它的方向性系数，而实际天线的增益 G 总是小于其方向性系数 D 的。

综合考虑天线孔径效率和辐射效率的影响，根据式（3.13）和式（3.14），可以得到天线主波束最大增益的表达式为

$$G_0 = \eta_L D_0 = \eta \frac{4\pi}{\lambda^2} A \qquad (3.15)$$

式中：$\eta = \eta_L \cdot \eta_a$ 为天线效率，综合考虑了与天线形式有关的孔径效率 η_a 以及与天线损耗有关的辐射效率 η_L。

3.2.1.3　极化方式

天线的极化是由天线在给定方向所发送的电磁波的极化决定的。天线极化最重要的影响是若天线与接收信号的极化方向不匹配，则将导致天线接收的功率降低，该现象被称为极化损失。

天线与入射波的极化匹配程度用极化匹配因子 ε_p 来衡量[2]，对于线极化天线其定义为

$$\varepsilon_p = \cos^2 \psi \qquad (3.16)$$

式中：ψ 是天线极化与入射波极化方向之间的角度差。

例如，对于垂直极化的电磁波信号，用斜 45° 线极化天线去接收时，$\psi = 45°$，

对应极化匹配因子为 $\varepsilon_p = 0.5$，此时天线与信号间极化方向不完全匹配导致的极化损失为 3dB。若采用水平极化线极化天线去接收此信号，$\psi = 90°$，此时天线与信号间极化方向完全失配，极化匹配因子为 $\varepsilon_p = 0$，理论上天线输出功率应为零。考虑到实际传输过程中电磁波的反射、散射和其他干涉效应，工程中一般认为天线与电磁波极化方向正交时对应的极化损失约 25dB。

对于辐射测量，由于物体辐射的电磁波是一种非相干电磁波，其极化方向是随机的。采用单一极化方式的天线进行辐射测量时，对于物体辐射的极化方向随机的非相干信号，天线只能接收其中一种极化，总会存在一半的功率损失。若利用两个极化方向正交的天线对目标微波辐射信号进行测量，就可以同时获得目标信号的两个正交极化分量，有利于增强接收到的信号功率并获取目标极化特性。

3.2.2　天线类型

为使读者对不同类型天线的基本参数有一个初步的了解，依据角度覆盖、极化方式和频带宽度三个指标对不同类型的天线进行汇总，如表 3.1 所列。

表 3.1　天线类型[3]

角度覆盖	极化	带宽	天线类型
全向覆盖	线	窄	鞭状、偶极子、环形
		宽	双锥或万十字章型
	圆	窄	法向模螺旋
		宽	菩提树形天线或四臂锥螺旋
定向覆盖	线	窄	八木、偶极子阵或喇叭馈源抛物面
		宽	对数周期、喇叭或对数周期馈源抛物面
	圆	窄	轴向模螺旋、带有极化器的喇叭或交叉偶极子馈源抛物面
		宽	背腔螺旋、锥螺旋或螺旋馈源抛物面

不同类型的天线，其覆盖范围、增益、极化方式和体积形状等特点各不相同。在辐射测量应用中，选择哪种天线类型，与实际应用场景和安装平台的要求有关，通常需要在性能和成本体积之间做折中考虑。

下面将结合毫米波辐射探测中对接收天线的应用需求，介绍常用的各类毫米波天线，以供毫米波辐射探测系统设计参考。

3.2.2.1　喇叭天线

喇叭天线是一种应用广泛的天线，它具有结构简单、馈电容易、增益适中、频带较宽、加工方便等特点，可以作为反射面天线、透镜天线等口面天线的馈源，同时也是相控阵的常用单元及对其他天线进行校正和增益测试的标准天线。

喇叭天线通常由一段均匀波导和一段喇叭组成，可以看成是由横截面逐渐扩展而形成的一种天线，一般分为矩形喇叭和圆锥喇叭两类。矩形喇叭天线又有 H 面扇形喇叭、E 面扇形喇叭和角锥喇叭之分[4]。

在射电天文、卫星跟踪、导弹制导及辐射探测等领域应用中，为提高天线的效率，降低天线的副瓣电平，满足低交叉极化、低驻波比及其他特殊要求，需要对普通喇叭天线进行改进，从而提出更高效率的喇叭天线，如多模喇叭、波纹喇叭和介质加载喇叭等。图 3.3 是一个 Ka 波段隔膜喇叭天线，波束宽度为 19°，天线增益达 19dB。

图 3.3　Ka 波段隔膜喇叭天线

3.2.2.2　反射面天线

反射面天线是利用具有聚焦性质的金属反射面，将置于反射面焦点处馈源发出的方向性较差的能量，经反射汇聚为方向性较好的辐射。反射面天线具有高增益、窄波束等特点，是一种非常重要的天线形式，被广泛应用于通信、雷达、电子侦察和射电天文等领域。反射面天线通常可分为单反射面系统和双反射面系统，其中双反射面天线又分为卡塞格伦型和格里高利型。在各种反射面天线中，前馈式旋转对称抛物面天线是应用最为广泛的一种天线形式，在不考虑天线噪声温度的情况下，常采用光壁喇叭馈源，其天线效率一般仅为 50% ~ 55%。表 3.2 是一些常用反射面天线结构的性能比较。

表 3.2　各种反射面天线结构的主要性能比较[5]

结构类别	孔径效率与馈源类型	遮挡
单抛物反射面	孔径效率中至高； 单喇叭馈源无电扫； 阵列馈电可实现电扫(切换馈源)	通过偏馈降低馈源遮挡

（续）

结构类别	孔径效率与馈源类型	遮挡
柱形反射面	孔径效率中至高； 一维电扫线源	通过偏馈降低馈源遮挡
双反射面(卡塞格伦型 或格里高利)	孔径效率高； 单喇叭馈源无电扫； 电扫阵列(切换馈源)	通过偏馈降低馈源遮挡； 可将馈源移至反射面后面
共焦抛物面	孔径效率高； 二维电扫平面阵馈源	通过偏馈降低馈源遮挡
球面和圆环面	孔径效率中至低； 在圆弧上(圆环面)或球弧上(球面)切换波束阵列	用于较宽角扫描时 遮挡问题严重

与平面阵列天线相比，反射面天线有三个重要的不同之处：

（1）馈源及其支撑结构遮挡的部分口径对场是无贡献的，它们将在前半球内产生很宽的遮挡波瓣；

（2）馈源结构物截获的功率在很宽的角度上散射，大部分到了反射器的后半球；

（3）馈源辐射的部分功率不能到达反射面，它们在后半球产生第二个辐射强度峰值，称为泄露旁瓣。

卡塞格伦天线是常见的双反射面天线。图 3.4 是一个 W 波段卡塞格伦天线，其主面口径 300mm，副面口径 30mm，焦距 120mm，增益约为 45dB。

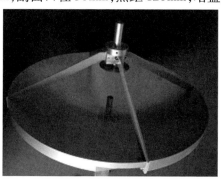

图 3.4　W 波段卡塞格伦天线(见彩图)

3.2.2.3　透镜天线

透镜天线与反射面天线一样，对电磁波有汇聚作用，可构成高增益、窄波束天线，具有高增益、低副瓣、宽频带、高定向性等特点。由于透镜天线具有较多的设计自由度、较低的设计公差、无遮挡等优点以及独有的电气特性，可将其应用到毫米波和大尺寸的天线或天线阵列设计中，以提高天线的增益、减小副瓣和减小阵列规模;将其应用于焦平面多波束透镜天线上可以产生多个锐波束,实现具有高空间分辨力的多波束天线;将其应用于天线罩的设计,在满足流体力学要求和气动特性的前提下,可以提高增益、减小波束宽度变化、波束偏转和降低副瓣电平。

透镜天线除了可用做天线系统的主聚焦元件外,还可用来校正大口径喇叭的口面相位。若喇叭天线的口径张角过大,其口面相位分布将很不均匀,这会导致喇叭的增益变得非常差,此时即可使用透镜进行校正。

图 3.5 是一个 W 波段透镜喇叭天线,口径 50mm,增益约为 30dB,通过馈源赋形等手段,可以得到较低的副瓣电平。

图 3.5　W 波段透镜喇叭天线(见彩图)

除上述这种最简单的单折射面透镜外,还可使用双折射面透镜进一步控制天线口面电磁场分布以提高增益;若透镜过厚,还可以考虑使用分区技术降低其厚度;此外,还可通过使用表面匹配技术(如刻槽)来抵消透镜表面反射,降低天线旁瓣电平。

3.2.2.4　缝隙天线

缝隙天线是在导体面上开缝形成的天线,也称为开槽天线,在现代天线设计中有着重要的地位。波导缝隙天线是缝隙天线中应用最为广泛的天线形式,具有结构紧凑、口径幅度相位分布容易控制、频带较宽(行波式缝隙天线)等特点,是高效率、低副瓣天线的优选方案之一,被广泛应用于雷达、通信等电子设备中。

图 3.6 是一个 60GHz 的波导窄边开缝行波阵列天线,单元天线增益为 20dB,为了降低副瓣,采用了泰勒加权。

3.2.2.5　微带天线

微带天线是在一个薄介质基(如聚四氟乙烯玻璃纤维压层)上,一面附上金属薄层作为接地板,另一面用光刻腐蚀等方法做出一定形状的金属贴片,利用微带线和轴线探针对贴片馈电。按照结构特征分类,微带天线分为微带贴片天线

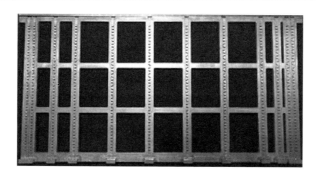

图 3.6　窄边开缝行波阵列天线(60GHz)

和微带缝隙天线;按照形状分类,分为矩形、圆形、环形微带天线等;按照工作原理分为谐振型(驻波型)微带天线和非谐振型(行波型)微带天线,前一类天线有特定的谐振尺寸,一般只能工作在谐振频率附近,而后一类天线无谐振尺寸的限制,它的末端要加匹配负载以保证传输行波。

微带天线的优势特点包括:体积小、重量轻、低剖面,可与平台共形;便于集成,与有源器件、电路集成为收发组件在相控阵中广泛应用;电性能多样化,不同设计的微带元其最大辐射方向可以从边射到端射范围内调整,可得到各种极化。

微带天线进行工程设计时,要对天线的性能参数(例如方向图、方向性系数、效率、输入阻抗、极化和频带等)进行预先估算,可以提高天线研制的质量和效率、降低研制成本。目前微带天线的设计方法有传输线、腔模理论、格林函数法、积分方程法和矩量法等,其中传输线设计方法是一种较为简单的微带设计方法,其精度可以满足一般工程设计要求。

3.2.3　阵列天线

阵列天线可以认为是由多个在物理上彼此分离的单元天线按照特定位置关系所组成的、能够完成特定功能的一组天线。虽然阵列天线的各个单元未必一定相同,但是实际应用中往往采用大量的相同单元来组成阵列天线,以降低技术复杂度和成本。

3.2.3.1　阵列方向图

为简便起见,这里以一个用于发射的 N 元均匀线性阵列(简称均匀线阵)为对象来对阵列方向图进行说明。假设天线单元间距为 d,各单元天线为各向同性辐射,其组成形式如图 3.7 所示。

若对所有阵元等幅同相馈电,考察偏离法线 θ 方向上的场强。由于各阵元在 θ 方向上辐射场的振幅相等,以零号阵元辐射场 E_0 的相位为基准时,第 n ($n = 0, 1, \cdots, N-1$) 个阵元在该方向上的辐射场强矢量[5]可以表示为

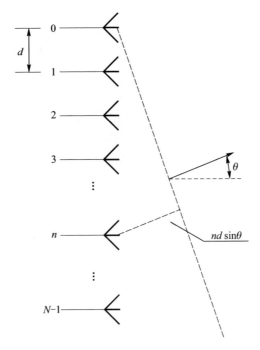

图 3.7　N 元均匀线阵

$$E_n = E_0 \cdot e^{jn\varphi} \tag{3.17}$$

式中:$\varphi = 2\pi(d/\lambda)\sin\theta$ 是由不同阵元位置的波程差所引起的辐射场相位差。在阵列远场区域,θ 方向上的场强是所有阵元在该方向上辐射场的矢量和,可以写为

$$E(\theta) = \sum_{n=0}^{N-1} E_n = E_0 \sum_{n=0}^{N-1} e^{jn\varphi} = E_0 \sum_{n=0}^{N-1} e^{jn2\pi(d/\lambda)\sin\theta} \tag{3.18}$$

由等比级数求和公式和欧拉公式,式(3.18)可化简得

$$E(\theta) = E_0 \frac{\sin[N\pi(d/\lambda)\sin\theta]}{\sin[\pi(d/\lambda)\sin\theta]} e^{j[(N-1)\pi(d/\lambda)\sin\theta]} \tag{3.19}$$

对式(3.19)取绝对值,并相对最大场强幅度值进行归一化后,得到线阵的幅度方向图函数为

$$F_a(\theta) = \left| \frac{\sin[N\pi(d/\lambda)\sin\theta]}{N\sin[\pi(d/\lambda)\sin\theta]} \right| \tag{3.20}$$

式中:$F_a(\theta)$ 表示了各阵元为各向同性辐射时的阵列方向图,因此被称为阵列因子。波束较窄的情况下,均匀线阵的阵列因子可近似为辛克(sinc)函数形状(图3.8)。最大值出现在法线方向($\theta = 0°$),称为主瓣。

另外,由式(3.20)可知,当阵元间距大于 $\lambda/2$ 时,天线方向图中除了主瓣外还会在其他方向上出现最大值,称为栅瓣。对于均匀线阵,其栅瓣位置为

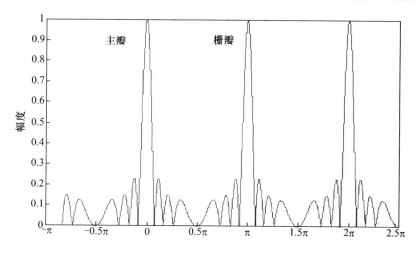

图 3.8　均匀线阵方向图(8 元,$d = \lambda/2$)

$$\theta_m = \arcsin \left(\pm \frac{\lambda}{d} m \right) \tag{3.21}$$

式中:m 取值为正整数,并满足 $m \leqslant d \leqslant \lambda$。例如,$d = \lambda$ 时,$m = 1$,通过式(3.21)可知栅瓣会出现在 $\theta_m = \pm \dfrac{\pi}{2}$ 这两个位置。

极坐标下的阵列方向图如图 3.9 所示。

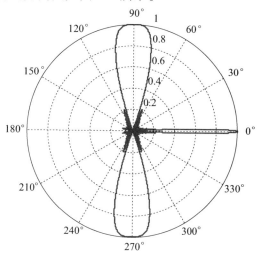

图 3.9　均匀线阵方向图(16 元,$d = \lambda$)(见彩图)

实际中阵列天线的方向图需要考虑单元天线方向图的影响。对于采用相同单元天线组阵的情况,阵列天线的方向图函数 $F(\theta)$ 可以表示为阵列因子与单元天线方向图 $F_e(\theta)$ 的乘积

$$F(\theta) = F_a(\theta) \times F_e(\theta) \tag{3.22}$$

式中:$F_e(\theta)$又称为单元因子。显然,在进行阵列设计和阵列方向图分析时,可以分别计算单元天线的方向图和由阵列排布对应的阵列因子。因此,性能良好的单元天线和精心设计的阵元位置排布对于阵列天线的性能同样重要。

通过上述分析可知,对均匀线阵的所有阵元等幅同相馈电时,其阵列方向图的最大值(即阵列天线的主瓣)指向为法线方向。改变线阵中各阵元的相位激励即可改变阵列天线的主瓣指向,这正是相控阵天线实现波束扫描的基本原理。

根据天线收发互易原理,以上结论对于用于接收的阵列天线仍然成立。

3.2.3.2 阵列天线性能

根据式(3.20)中线阵天线方向图公式可知,均匀线阵方向图符合辛克函数分布。因此,均匀线阵主瓣的半功率波束宽度为

$$\Delta\theta_{3\mathrm{dB}} = k\frac{\lambda}{Nd}\frac{1}{\cos\theta_0} \tag{3.23}$$

式中:$k = 0.886$为比例常数;θ_0表示阵列天线的主波束指向(又称为波束扫描角)。阵列天线主瓣指向偏离法线越远,天线的主波束宽度越宽。

当均匀线阵天线主波束指向为法线时,其波束第一零点位置为

$$\theta_{\mathrm{n1}} = \frac{\lambda}{Nd} \tag{3.24}$$

相应的,均匀线阵的零点波束宽度为

$$\Delta\theta_{\mathrm{null}} = \frac{2\lambda}{Nd} \tag{3.25}$$

均匀线阵天线方向图的第一副瓣对应的副瓣电平为

$$|F_a(\theta_{\mathrm{s1}})| = \frac{2}{3\pi} = -13.4 \quad (\mathrm{dB}) \tag{3.26}$$

图3.10给出了$N = 16, d = \lambda$时的均匀线阵天线方向图。

与其他天线形式类似,阵列天线增益仍与其总的物理面积有关。假设一个N元理想的无损耗阵列天线,有效面积为A,阵元间距为d,则有效面积$A = Nd^2$,其法线方向天线增益为

$$G(0) = 4\pi\frac{A}{\lambda^2} = 4\pi\frac{N \cdot d^2}{\lambda^2} \tag{3.27}$$

式中:λ为波长。当阵列天线的波束指向θ_0方向时,天线的有效面积会下降为$A\cos\theta_0$,因此在任意方向θ_0上,阵列天线的增益为

$$G(\theta_0) = 4\pi\frac{A\cos\theta_0}{\lambda^2} = 4\pi\frac{N \cdot d^2}{\lambda^2}\cos\theta_0 \tag{3.28}$$

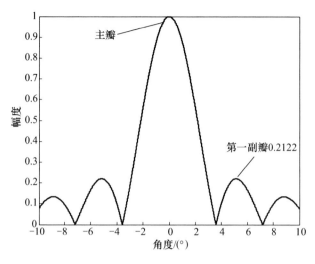

图 3.10　均匀线阵方向图

因此,随着阵列天线主波束扫描角增大,不仅会导致主瓣变宽,还会导致主瓣增益下降。当然,实际中的阵列天线总是非理想、有损耗的,因此其增益还与辐射效率η有关。

3.2.3.3　阵列天线类型

前文中以均匀线阵为例对阵列天线的基本理论进行了简要介绍。从阵元排布方式来看,除了线阵外,阵列还可以分为平面阵列、稀疏阵列和共形阵列等类型。由于阵列天线涉及多个阵元的合成问题,研究阵列天线不能仅仅关注天线电气性能设计本身,还需要关注阵列处理体制和应用领域。

从阵列处理体制上来看,阵列天线又可以分为相控阵和数字阵两大类。相控阵的基本工作原理如图 3.11(a)所示,利用移相器改变各阵元接收信号的相位,通过合成网络输出至信号处理机。顾名思义,通过控制移相器即可控制相控阵天线的主瓣指向和波束形状。其中,移相器与合成网络在相控阵中又可统称为波束形成器或波束形成网络。

随着电子技术的快速发展,尤其是模数转换器(A/D)性能不断提升,数字阵作为一种新体制阵列天线日渐成熟,在雷达、通信和电子战领域具有广泛的应用前景,其工作原理如图 3.11(b)所示。利用 A/D 对各阵元接收信号进行量化后直接输出至信号处理机,在信号处理机中利用算法软件完成数字波束形成(DBF)、目标检测和测向等处理工作。显然,与相控阵相比,数字阵具有处理更加灵活的特点,可以支持自适应波束形成、谱估计等复杂的处理算法。不过由于

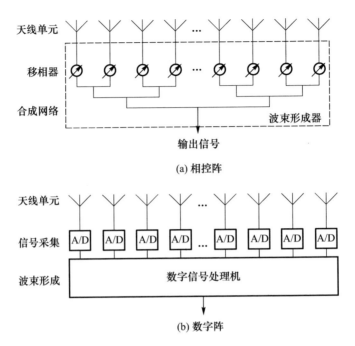

(a) 相控阵

(b) 数字阵

图 3.11　相控阵和数字阵工作原理

数字阵系统的复杂度和系统成本相比相控阵也更高,实际中根据不同的应用需求,可以灵活的采用相控阵技术和数字阵技术的折中。例如在子阵采用相控阵的基础上,多子阵通过 DBF 技术进行合成。

3.2.3.4　干涉式阵列天线

　　本书主要关注应用于微波、毫米波辐射信号接收的阵列天线,除了传统的相控阵、数字阵外,干涉仪也在辐射测量中应用广泛(基本原理参考本书 2.4节)。从天线形式的角度来看,电子侦察中的多基线干涉仪、射电天文中的甚长基线干涉仪(VLBI)和微波遥感中的综合孔径辐射计显然都属于阵列系统,这里我们将这一类采用多单元天线组阵进行干涉式处理的阵列天线统称为干涉式阵列。

　　干涉式阵列工作原理如图 3.12 所示,它与传统相控阵的一个明显区别在于干涉式阵列采用了相关器[6]而传统相控阵采用了波束形成器。干涉式阵列中采用相关器(详细内容参考第 3.4.3 小节)对各单元天线信号进行两两互相关处理后得到可见度函数,再对可见度函数进行信号处理完成目标检测与参数估计(具体处理算法在第 6 章中详细介绍)。

　　干涉式阵列与传统阵列的另外一个区别在于:干涉式阵列中阵元往往采用稀疏排布的方式以达到更高的角度分辨力(具体阵列设计方法请参考第 6 章相

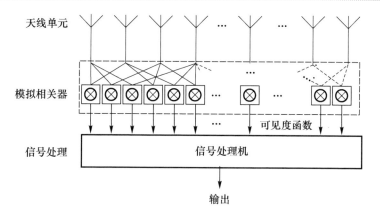

(a) 采用模拟相关器的干涉式阵列

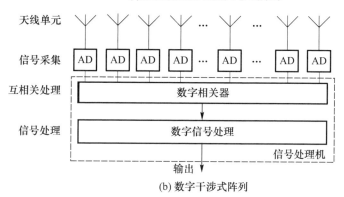

(b) 数字干涉式阵列

图 3.12　干涉式阵列工作原理

关内容);而传统阵列中(如相控阵雷达天线)因为更为关注天线增益和副瓣电平,所以阵元往往采用均匀和密集排布的形式,较少采用稀疏阵列,这与具体应用需求和技术发展水平相关。

不过随着数字技术的发展,干涉式阵列也越来越多地采用数字阵列技术,如图 3.12(b) 所示,利用 A/D 对各阵元接收信号进行量化后输出至信号处理机完成信号处理,其与传统数字阵的区别仅仅在于信号处理机中采用的是互相关处理算法还是数字波束形成处理算法。另外,随着共形阵列、分布式相参阵列等一系列新技术的发展,可以预想未来稀疏阵列的应用将会越来越多。

总之,干涉式阵列的形式及其技术发展脉络与电子侦察、射电天文和微波遥感等领域的具体应用需求密切相关。由于数字化、分布式是阵列技术的重要发展方向,而干涉式阵列作为一种典型的分布式数字阵列应用,未来将在辐射探测、电子侦察等领域发挥越来越重要的作用。本书第 6 章将对基于干涉式阵列的辐射探测技术进行详细介绍。

🔲 3.3 接收机

接收机主要完成对由天线所输入的射频信号的接收变频、滤波及放大等处理。

3.3.1 接收机工作原理

辐射测量中常用的接收机主要有直接检波和超外差式两种体制。直接检波式接收机由射频放大器、平方率检波器、低通滤波器和积分器等单元组成,其原理框图如图 3.13 所示。

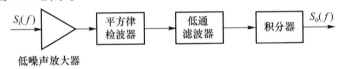

图 3.13 直接检波式接收机原理框图

基于直接检波式接收机体制的辐射探测技术将在第 5 章中介绍。本章节将重点介绍超外差式接收机。超外差式接收机的原理框图如图 3.14 所示。

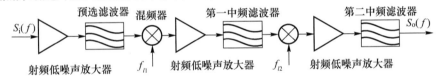

图 3.14 一个典型的超外差式接收机框图

图 3.14 中,射频低噪声放大器主要完成对输入射频信号的低噪声放大;预选滤波器主要滤除不需要的射频输入信号,特别是中心工作频率的镜频信号;混频器主要完成对信号的下变频,经过二次变频将射频信号变换到数字信号处理单元可以处理的中频;中频放大器主要完成对中频信号的放大;中频滤波器主要完成对混频器寄生信号的抑制。

通常使用工作频率、噪声系数和带宽等指标参数来描述接收机的性能。

1)工作频率

接收机的中心频率选择,要保证输入频率与本振信号经过混频以后的合成频率不能落在接收机带宽内。对于毫米波接收机工作频率的选择还要考虑大气传播窗口的因素。

2)噪声系数

信噪比表示信号功率与噪声功率的比值,接收机内部噪声对输入信号的影响可以通过信噪比的相对变化来衡量。将噪声系数定义为接收机输入信噪比

S_i/N_i 和输出信噪比 S_o/N_o 的比值,其表达式为

$$F_n = \frac{S_i/N_i}{S_o/N_o} \qquad (3.29)$$

因此,噪声系数的物理含义是,由于接收机内部噪声的影响所导致的接收机输出端信噪比相对其输入端信噪比的恶化程度。

3)带宽

接收机带宽表示接收机的瞬时工作频率宽度,一般也用接收机噪声带宽来表示。对于超外差式接收机,其带宽取决于接收机中频放大器带宽。接收机带宽越窄,接收机的噪声功率水平就越低,接收机灵敏度也就越高。

3.3.2 接收机灵敏度

由于辐射测量系统主要接收目标场景产生的微波热辐射,对应的信号具有功率微弱、宽带随机等特点,因此对接收机的灵敏度有很高的要求。

接收机灵敏度表示接收机可以接收和检测微弱信号的能力,也可以定义为最小信噪比乘以平均噪声功率。接收机可以接收到的信号越弱,则接收机的灵敏度越高。噪声总是伴随着信号同时出现,只有信号的功率大于噪声功率时才能检测到信号。因此,接收机灵敏度通常用其输入端的最小可检测信号功率来表示:

$$S_{min} = kT_0 B\left(F_n - 1 + \frac{T_A}{T_0}\right) \qquad (3.30)$$

式中:k 为玻耳兹曼常数;T 为接收机等效噪声温度;B 表示接收机带宽;T_0 为接收机输入端的噪声温度(通常取值290K,对应室温状态下的热力学温度);F_n 表示接收机噪声系数;T_A 表示天线的噪声温度。当天线噪声温度取室温 $T_A = 290K$ 时,式(3.30)可以简化为

$$S_{min} = kT_0 B F_n \qquad (3.31)$$

利用式(3.31)计算得到的 S_{min} 又称为接收机"临界灵敏度"或接收机等效噪声功率,如果信号功率低于此值,信号将因淹没在噪声之中而不能被检测出来[7],它是衡量接收机性能的主要参数。

将 k 和 T_0 的数值代入式(3.31),接收机灵敏度的单位取 dBmW 时,可得到其简便计算公式如下

$$S_{min}(dBmW) = -114 + 10\lg B + F_n \qquad (3.32)$$

式中:带宽 B 的单位取 MHz;噪声系数 F_n 的单位取 dB。

假设某接收机带宽 $B = 1GHz$,噪声系数 $F_n = 6dB$,则可得接收机的灵敏度(或等效噪声功率)为 $S_{min} = -114 + 30 + 6 = -78dBmW$。

由式(3.31)可知,接收机灵敏度主要与接收机带宽和噪声系数有关,因此

降低接收机噪声系数有助于提高系统温度灵敏度。通常情况下,接收机噪声系数 $F_n > 1$;当接收机处于理想状态,即没有噪声时,噪声系数 $F_n = 1$。由于噪声系数表征了接收机内部的噪声大小,因此 F_n 的数值越小越好。

超外差接收机的放大链路是通过放大器级联方式实现,一个典型的级联放大器组成如图 3.15 所示。

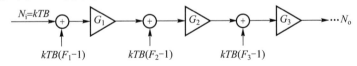

图 3.15　级联放大器的噪声系数

衰减器或传输线的损耗可以被当作增益(取负值)来计算,图 3.16 所示的级联放大器的输出噪声功率(假设各级放大器的带宽是相同的)计算方程为

$$N_o = kTB_n(G_1 G_2 G_3 \cdots) \times \left(F_1 + \frac{F_2 - 1}{G_1} + \frac{F_3 - 1}{G_1 \cdot G_2} + \frac{F_4 - 1}{G_1 \cdot G_2 \cdot G_3} + \cdots \right)$$

$$(3.33)$$

对应的噪声系数可以表示为

$$F_n = F_1 + \frac{F_2 - 1}{G_1} + \frac{F_3 - 1}{G_1 \cdot G_2} + \frac{F_4 - 1}{G_1 \cdot G_2 \cdot G_3} + \cdots$$

$$(3.34)$$

显然,具有低噪声放大器的接收机的噪声系数主要取决于第一级低噪声放大器的噪声系数,这就要求第一级低噪声放大器要尽可能接近天线,其前端无源电路差损应该尽可能的小,且其增益要足够的大。

因此设计接收机时,往往要求第一级低噪声放大器要尽量放置在靠近天线的位置。

3.3.3　接收机变频分析

下面将介绍超外差式变频接收机中两个非常重要的基本概念:滤波和变频。

在超外差式接收机中,通常将来自天线的输入信号称为射频信号,将经过变频、滤波、放大等处理后接收机的输出信号称为中频信号。变频接收机的主要任务是将宽频带范围的射频信号,经过与相应的本振信号混频完成载频变换,再通过滤波变成仅剩有用信号带宽的中频信号,这样就大大降低了后续对信号采集处理的难度。

实际中的变频接收机,除了环境中会存在各种无用或射频干扰信号外,也会因变频体制的原因产生一些不需要的信号分量。接收机为了能从其中选择有用信号进行输出,就需要采用滤波的方式来做频率选择。因此,滤波器的通带宽度、幅频特性等参数会直接影响接收机的性能。

以图 3.16 中给出的接收机为例,典型的二次变频接收机至少需要三种滤波器:预选滤波器、第一中频滤波器和第二中频滤波器。

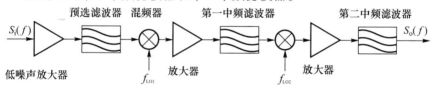

图 3.16　典型二次变频接收机原理图

预选滤波器一般放置在接收机的第一级低噪声放大器后以降低接收机噪声系数。预选滤波器的带宽一般与接收机工作频率范围一致,其目的是抑制接收机工作频率范围以外的射频干扰信号和镜频信号。因此,一般要求预选滤波器把带外信号抑制到比噪声小 10 ~ 20dB,在设计中要特别注意对镜频信号的抑制。在有的文献[8]中,采用超外差混频体制的辐射计接收机有时又分为单边带接收机(SSB)和双边带接收机(DSB)。二者的主要区别是是否进行射频预选滤波,即有无通常电子侦察接收机或雷达接收机中所称的镜频抑制滤波器。

例如:接收机本振频率 f_{LO} = 16GHz,中频信号频率范围 f_{IF} = 1.8 ~ 2GHz,采用双边带接收机无射频预选滤波器,中频输出对应的射频输入频率范围包含上下两个边带:$f_{RFU} = f_{LO} + f_{IF}$ = 17.8 ~ 18GHz,$f_{RFD} = f_{LO} - f_{IF}$ = 13.8 ~ 14GHz。

若单边带接收机的工作频率范围设计为 $f_{RFU} = f_{LO} + f_{IF}$,则称 $f_{RFD} = f_{LO} - f_{IF}$ 为镜像频率。经过通频带为 17.8 ~ 18GHz 的射频预选滤波器对镜频信号的滤波处理后,单边带接收机中频输出信号实际上是上边带射频信号的频谱搬移。

由于辐射探测中射频输入信号是宽带噪声,而双边带接收机没有进行预选滤波,因此其输入功率是单边带接收机的两倍,在全功率辐射计中有一定的应用价值。但随着低噪声放大器、A/D 等电子器件水平的提高,同时考虑到镜频干扰等问题,目前的辐射计超外差式接收机基本都采用了单边带接收机。

第一中频滤波器位于一级混频器与二级混频器之间,其作用主要有两点:一是滤除上一级混频器产生的各种不需要的变频分量;二是第一中频滤波器还会作为第二级混频器的镜频滤波器滤除对应第二中频的镜频信号。

第二中频滤波器位于二级混频器之后,主要是抑制第二混频产生的各种不需要的变频频率分量。

接收机利用混频器将射频信号与本振信号进行加减运算,产生预期的低中频信号。虽然混频器本身是一个非线性器件,但是从输入输出信号的关系来看,变频接收机的混频过程可以看作是线性过程,因为输入信号所包含的信息(例如幅度、相位等信息)在输出信号中没有发生变化,只是载频从高频移到了低频(有些情况混频器也用于提高信号的载频)。

假设接收机采用一次变频方式,射频信号频率范围为$f_{RF} = f_0 \pm B/2$,接收本振频率为f_{LO},所需接收机的中频为$f_{IF} = f_0 - f_{LO}$。当射频输入信号与本振参考信号经过混频器处理后,输出的信号包含以下频率分量

$$f_{mix} = m(f_0 \pm B/2) \pm nf_{LO} \qquad m,n = 1,2,3,\cdots \qquad (3.35)$$

除了中频输出所需的频率分量($m=1,n=1$)外,应保证其他的频率分量均不出现在中频滤波器的通带范围内。

因此,在根据系统指标确定了接收机的工作频率范围以后,中频和本振频率的选择主要以保证混频后中频以外的信号不能进入接收机通带为原则。

3.3.4　接收机动态范围

由于输入接收机的信号往往非常微弱,因此在对其进行接收、变频和滤波处理的同时,必须完成对信号的放大,以保证输出信号的功率水平达到后续采集处理设备的要求。本节将介绍与之相关的两个概念:接收机的动态范围和增益。

接收机的动态范围[9]是指能够保证接收机处于线性放大工作状态的输入信号功率范围,接收机的增益则是指输出信号功率相比输入信号功率的放大倍数。

接收机的动态范围应该尽量保证大于等于接收机所接收到信号的功率范围。如果接收机是一个理想的线性系统,则接收到信号经过接收机的接收、放大、变频和滤波等处理后,只会产生期望的信号载频和功率等转换而无其他失真。但实际中的接收机由于在混频和放大过程中总是存在一定的非线性,因此接收机设计一个重要的目标就是保证其动态范围达到要求。

接收机的动态范围可以用多种参数来描述,比较常用的一个指标是1dB增益压缩点动态范围(DR_{-1})。

如图3.17所示,增加接收机输入功率使得接收机的输出功率发生1dB的压缩时,对应的输入功率称为1dB增益压缩点输入功率P_{i-1}。相应的,1dB增益压缩点动态范围DR_{-1}的定义就是接收机输入功率P_{i-1}与接收机等效噪声功率S_{min}之比:

$$DR_{-1} = \frac{P_{i-1}}{S_{min}} = \frac{P_{o-1}}{S_{min}G} \qquad (3.36)$$

根据接收机增益的定义,并将式(3.38)中给出的接收机灵敏度公式代入式(3.36),可得

$$DR_{-1}(dB) = P_{o-1} + 114 - F_n - 10\lg B - G \qquad (3.37)$$

式中:P_{o-1}为接收机1dB增益压缩点输出功率,单位为dBm;F_n为接收机噪声系数,单位为dB;B为接收机带宽,单位为MHz;G为接收机增益,单位为dB。

假设某接收机的$P_{o-1} = 10$dBm,带宽$B = 1$GHz,噪声系数$F_n = 6$dB。当接收

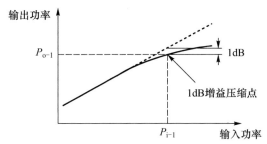

图 3.17　接收机 1dB 增益压缩点

机增益 $G = 40\text{dB}$ 时,通过计算可得接收机 1dB 动态范围为 $\text{DR}_{-1} = 48\text{dB}$,即能够保证接收机线性工作的输入信号功率范围为 $-78 \sim -30\text{dBm}$。

接收机的增益大小由接收机的灵敏度、动态范围以及接收机输出信号的功率水平要求来决定。显然,在带宽和噪声系数确定的情况下,过高的增益会压缩接收机的动态范围,通过增益控制可以进一步改善接收机的动态特性。

对于现代的数字接收处理系统来说,接收机的输出信号需经过模数转换器(A/D)变为数字信号,A/D 的最大输入信号功率与其量化噪声功率水平之间的范围代表了其能不失真采集信号的瞬时动态范围。因此接收机的增益设置应考虑与 A/D 器件所需的信号功率水平以及瞬时动态范围相匹配。

接收机的增益设置可以根据把 $S_{\min}$ 放大到 A/D 的量化噪声功率水平 N_{b} 来计算

$$G = N_{\text{b}} - S_{\min} \tag{3.38}$$

式中: N_{b} 为 A/D 转换器的量化噪声功率; $S_{\min}$ 为接收机最小可检测信号功率,单位均为 dBm。

假设某接收机的最小可检测信号功率为 $S_{\min} = -78\text{dBm}$,对接收机进行采集量化的 A/D 量化噪声功率为 $N_{\text{b}} = -38\text{dBm}$,则接收机的增益应设置为 $G = 40\text{dB}$。

接收机依靠前置的低噪声放大器和中频放大器组成的放大链路来完成对输入信号的放大。设计接收机时,在确定接收机总的增益后,需要对各级放大器增益进行合理的分配和增益控制,其原则如下:

(1)在保证接收机前端不进入非线性区的前提下,应尽量提高它的增益,以减小后续电路所产生的噪声对整个系统噪声系数的影响,不过如果前端增益过高,会使得后续电路处于非线性状态,因此需要在动态范围与系统噪声系数之间进行平衡选择;

(2)为保证接收机的动态范围,一般要采用可变衰减器实现增益控制来增加接收机动态范围。这种插入点不应靠前,至少不应该放在低噪声放大器之前,因为可变衰减器自身有一定的插损,这会影响到接收机的灵敏度。当考虑可变衰减器的位置时,在保证其前面电路在全动态范围内仍能工作在线性区的前提下,应尽可能向后设置。

需要指出的是,通过增益控制所获得的动态范围与 A/D 提供的动态范围二者是有区别的。A/D 的动态范围为瞬时动态范围,该动态范围越大,允许同时存在最大信号和最小信号的功率范围就越大;而通过衰减器获得的通道动态范围,是以最大信号不使 A/D 饱和工作为准则的。因此,在大信号功率非常强时,一般通过衰减通道增益的方式将最大信号的幅度控制在 A/D 最大量化电平的80% 左右。不过在这种情况下,将有可能使得通道的最小可检测信号幅度小于A/D 的最低量化幅度,从而影响小信号的检测。

由于微波辐射测量中感兴趣的目标信号主要是微波热辐射信号,具有连续、宽谱、低功率的特点,因此目标信号本身对接收机动态范围的要求并不高,这也是单比特等低阶量化技术能够在微波辐射测量中广泛应用的原因。但是考虑到环境中存在大量的有意或无意的射频干扰信号(例如低频段的广播、通信等民用电子设备和大功率雷达等军用电子设备的辐射信号),会对被动探测系统的性能造成非常严重的影响,在设计接收机时需要充分考虑射频环境对通道动态范围的要求,以保证系统能在复杂电磁环境下保持良好的工作性能。

3.4 数字信号处理

随着数字技术的飞速发展,各类数字器件的成本大幅下降且性能不断提升,这对各类电子系统的设计产生了深远的影响。越来越多的模拟设备及其对应的信号处理被数字处理的方式所取代,在提高了系统的性能和灵活性的同时,也降低了系统的尺寸和成本。尤其是模数转换器(A/D)在电子系统接收机中的应用,已经大大改变了接收机的组成结构和性能。

本节主要讨论与辐射测量接收机应用相关的模数变换、正交鉴相和相关器等数字信号处理基本概念。

3.4.1 模数变换原理

3.4.1.1 奈奎斯特采样定理

对模拟连续信号进行一定时间间隔的离散化采样,生成一个离散数值序列的过程称为采样。采样间隔的倒数称为采样速率(或采样频率)。

连续信号的采样定理可表述为:只要采样速率 f_s 大于或等于 $2f_H$,则最高频率小于 f_H 的连续带限信号可由其离散采样值惟一地决定。

采样定理表明,当对某一时间模拟信号进行采样时,采样速率只有达到一定数值时,才可以根据这些采样值准确还原信号,而不至于产生信号的失真或者混叠。满足这一要求的采样速率数值,$f_s = 2f_H$,称为奈奎斯特采样速率。

　　下面从频域的角度来说明采样原理。图 3.18(a)中给出了一个带限信号 $x(t)$ 的频谱,其最高频率为 f_H;图 3.18(b)给出了采样序列函数的频谱,谱线间隔等于采样频率 f_s。

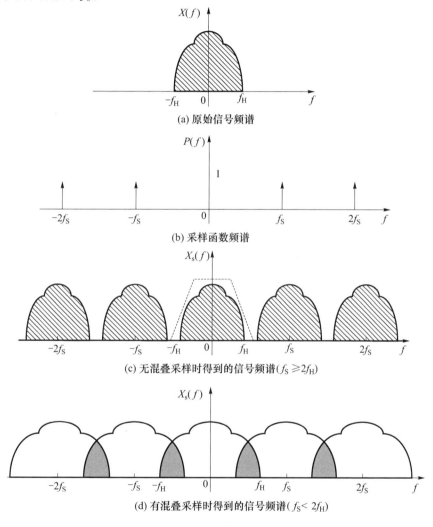

(a) 原始信号频谱

(b) 采样函数频谱

(c) 无混叠采样时得到的信号频谱($f_S \geqslant 2f_H$)

(d) 有混叠采样时得到的信号频谱($f_S < 2f_H$)

图 3.18　采样原理

　　对连续信号采样在时域上表现为采样序列与信号的乘法运算,在频域上对应于二者的频谱卷积。因此,在采样频率 $f_s \geqslant 2f_H$ 的条件下,对连续信号进行采样后得到的离散数字信号的频谱如图 3.18(c)所示。此时信号频谱不会发生混叠,利用低通滤波器即可无失真地恢复原来的信号 $x(t)$。

如果采样频率 $f_s < 2f_H$，采样后得到的数字信号频谱 $X_s(f)$ 将如图 3.18(d)
所示。此时因为部分频谱相互重叠，所以无法使用低通滤波器将 $x(t)$ 恢复出
来，这种情况被称为混叠失真。

采样定理的意义在于说明了用时间上离散的采样值可以取代时间上连续的
模拟信号，这为模拟信号的数字化处理奠定了理论基础。

3.4.1.2　带通采样定理

采样定理说明了对带限信号的采样速率应该大于耐奎斯特采样速率。实际
工程中还会遇到很多对带通信号的采样问题。实带通信号的频谱如图 3.19 所
示，由两个互为复共轭的镜像分量组成，信号单边谱所占频带为 (f_L, f_H)，带宽
$B = f_H - f_L$ 往往远小于信号最高频率 f_H。

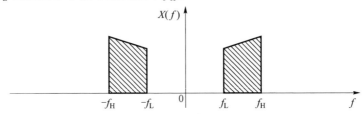

图 3.19　带通信号的频谱示意图

对于带通信号仍然可以根据奈奎斯特采样速率 $f_s \geqslant 2f_H$ 的要求进行采样，但
由于信号最高频率很高而实际带宽较窄，采样得到的很多数据都是无用的，并且
这种情况下对 A/D 采样速率和数字信号处理都有较高的要求。此时可以考虑
利用带通采样定理来完成对带通信号的采样。

带通采样定理：设一个频率带限信号 $x(t)$，其频带限制在 $f_L \sim f_H$ 范围内，如
果其采样速率 f_s 满足下式

$$f_s = \frac{2(f_L + f_H)}{2n+1} \tag{3.39}$$

式中：n 取能满足 $f_s \geqslant 2(f_H - f_L)$ 的最大正整数，所得的采样结果可以无失真地恢
复原始信号 $x(t)$。

带通采样速率 f_s 也可用带通信号的中心频率 f_0 和带宽 B 来计算：

$$f_s = \frac{4f_0}{2n+1} \tag{3.40}$$

式中：$f_0 = (f_L + f_H)/2$；n 取能满足 $f_s \geqslant 2B$ 的最大正整数。

以 $f_s = 2B$ 的采样速率对中心频率为 $f_0 = \frac{3}{2}B$ 的带通信号进行采样后，所得
信号频谱如图 3.20 所示。

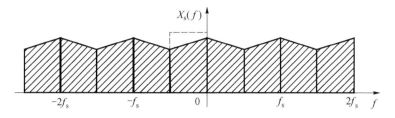

图 3.20　带通采样时得到的信号频谱($f_s = 2B$)

图 3.20 同时可以说明,任何一个中心频率为 $f_0 = \dfrac{2n+1}{2}B$、带宽为 B 的带通信号,均可以同样的采样速率 $f_s = 2B$ 进行采样,并保证无失真地恢复信号波形。

当带通信号的频率下限 $f_L = 0$ 时,带通信号变为带限低通信号,此时 $f_0 = f_H/2$,$B = f_H$,n 取值为 0,代入式(3.55),计算得到采样速率 $f_s = 2f_H$。显然,此时带通采样定理与奈奎斯特速率是一致的。

3.4.1.3　A/D 性能参数

衡量 A/D 器件性能的主要参数有量化位数、信噪比、无杂散动态范围(SFDR)等。

A/D 的量化位数定义为模拟量转换成数字量之后的数据位数,它表征了 A/D 芯片的分辨力。假设一个 A/D 器件的输入电压幅度为($-U, U$),量化位数为 N,即有 2^N 个量化电平,其量化电平可以表示为

$$Q = U_{pp}/2^N = 2U/2^N \qquad (3.41)$$

式中:$U_{pp} = 2U$ 为 A/D 的最大输入电压峰 – 峰值。量化电平 Q 也可以称为转换灵敏度。显然 A/D 的量化位数越多,器件的电压输入范围越小,它的转换灵敏度也就越高,分辨力也就越高。

对一个理想的 A/D 来说,量化后的数字信号包含两部分:无噪声的理想信号分量与量化噪声分量。其中理想信号分量的功率取决于 A/D 的最大输入功率,为

$$P_{max} = \left(\frac{U_{pp}}{2\sqrt{2}}\right)^2 = \frac{2^{2N}Q^2}{8} \qquad (3.42)$$

而量化噪声分量功率则与 A/D 的量化电平有关,量化电平越小,则量化增量越小,量化误差也就越小。假设量化噪声是均匀分布的,则噪声功率为

$$N_b = \frac{1}{Q}\int_{-\frac{Q}{2}}^{+\frac{Q}{2}} x^2 \mathrm{d}x = \frac{Q^2}{12} \qquad (3.43)$$

因此,理想 A/D 的最大信噪比为

$$\left(\frac{S}{N}\right)_{max} = \frac{P_{max}}{N_b} = \frac{3}{2}2^{2N} \qquad (3.44)$$

式(3.63)用对数形式表示则为

$$\text{SNR} = 10 \lg \frac{P_{\max}}{N_{\text{b}}} = 6N + 1.76 (\text{dB}) \tag{3.45}$$

实际应用中由于 A/D 自身存在噪声和误差,其实际输出信噪比达不到式(3.45)所表示的理论值,因此常用有效位数(ENOB)的概念来表征实际 A/D 的最大信噪比。若用 SNR_m 表示实测得到的 A/D 信噪比,则有效位数的表达式为

$$\text{ENOB} = \frac{\text{SNR}_m - 1.76}{6} \tag{3.46}$$

A/D 的 SFDR 表征了其可识别的最小信号功率值,是信号功率与最大杂散功率之比,其量纲为 dBc。另外,当输入信号功率被设置为 A/D 满量程功率时,测试得到的 SFDR 数值量纲为 dBFS。

实际 A/D 测试中在输入信号幅度比满量程值低几个分贝时会得到最大的 SFDR 值,这是因为在接近满量程时 A/D 的非线性误差和其他失真都会增大的缘故(例如信号幅度超出 A/D 量程所造成的限幅失真)。

由于 A/D 的 SFDR 是信号功率和最大杂散功率之比,只考虑了非线性误差。而 A/D 的 SNR 是信号功率和各种误差功率之比,包括量化噪声、随机噪声以及非线性失真。因此,A/D 的 SFDR 值通常比 SNR 值要大,如 AD9024 的量化位数为 12 位,其 SFDR 标称值为 80dBc,而 SNR 典型值为 65dB。

3.4.2 数字正交鉴相

3.4.2.1 正交鉴相原理

信号相位中携带了与目标相关的重要信息(如方向、速度等),因此获取信号相位对于目标探测应用具有重要意义。为此,往往将接收机输出的中频信号变换为两路正交的基带信号,以便于提取目标的相位信息,这一过程称为正交鉴相,也称为正交解调[10]。

最早出现的正交鉴相为模拟正交鉴相器,通过将中频模拟信号分为 I、Q 两个支路实现鉴相,原理框图如图 3.21 所示。

中频信号可以表示为

$$s(t) = a(t) \cos[\omega_0 t + \phi(t)] \tag{3.47}$$

式中:$a(t)$、$\varphi(t)$ 分别表示信号的幅度和相位函数。

利用相干振荡器产生基准信号,其频率与中频信号的中心频率相等,将中频信号 $s(t)$ 分别与相干基准信号 $s_{\text{LO1}}(t) = \cos\omega_0 t$,$s_{\text{LO2}}(t) = -\sin\omega_0 t$ 相乘,则

$$\begin{cases} s(t) \cdot s_{\text{LO1}}(t) = a(t) [\cos\phi(t) + \cos(2\omega_0 t + \phi(t))] \\ s(t) \cdot s_{\text{LO2}}(t) = a(t) [\sin\phi(t) - \sin(2\omega_0 t + \phi(t))] \end{cases} \tag{3.48}$$

对输出结果进行低通滤波,以滤除 $2\omega_0$ 高频成分,得到差频为零的两路正交

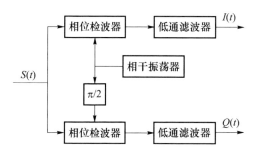

图 3.21　模拟正交鉴相原理图

信号如下：

$$\begin{cases} I(t) = a(t)\cos\varphi(t) \\ Q(t) = a(t)\sin\varphi(t) \end{cases} \qquad (3.49)$$

因此模拟正交鉴相器又称为"零中频鉴相"，其中 $I(t)$ 为同相分量，$Q(t)$ 为正交分量，二者表示了信号复振幅函数的实部和虚部。由式（3.49）可以很容易地计算信号的幅度和相位：

$$\begin{cases} a(t) = \sqrt{I^2(t) + Q^2(t)} \\ \varphi(t) = \arctan \dfrac{Q(t)}{I(t)} \end{cases} \qquad (3.50)$$

模拟正交鉴相的优点是可以处理带宽较宽的信号，结构也比较简单，缺点是难以保证 I/Q 通道间良好的幅度平衡和相位正交。随着数字技术的发展，出现了数字正交鉴相技术，其优点是全数字化处理，可以实现很高的 I/Q 幅度平衡和相位正交，而且工作稳定性好。

3.4.2.2　数字正交鉴相

数字正交鉴相的实现方法是首先对模拟信号进行数字化，然后进行数字正交变换，具体实现方法包括数字下变频（DDC）、希尔伯特变换等。

基于 DDC 的数字正交鉴相原理与模拟正交鉴相方法类似，如图 3.22 所示，其主要区别就是在数字正交鉴相过程中，混频、低通滤波和相干振荡器均是用数字方法实现的，数字相干振荡器会直接输出两路相差 90° 的数字信号（正弦信号、余弦信号）。

输入的中频模拟信号经过 A/D 采样量化为数字信号，与数字相干振荡器输出的信号 $\sin(n\omega_0 T)$ 和 $\cos(n\omega_0 T)$ 进行数字混频，混频以后的数据分别经过对应的数字低通滤波器输出基带同相数字信号 $I(n)$ 和基带正交数字信号 $Q(n)$。

基于希尔伯特变换的数字正交鉴相原理框图如图 3.23 所示。

中频信号进行数字化后分为两路，一路信号经过延迟单元后抽取输出基带

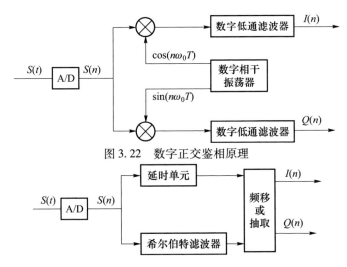

图 3.22 数字正交鉴相原理

图 3.23 希尔伯特变换法原理图

同相数字信号 $I(n)$，另一路信号经过希尔伯特变换后抽取输出基带正交数字信号 $Q(n)$，从而完成正交变换。

希尔伯特变换对应的滤波器函数表达式以及对应的频率响应为

$$h(t) = 1/\pi\tau \tag{3.51}$$

$$H(f) = j\mathrm{Sgn}(f) = \begin{cases} j & f > 0 \\ -j & f < 0 \end{cases} \tag{3.52}$$

式中：$\mathrm{Sgn}[\ \cdot\ ]$ 为符号函数。

式(3.52)表明，希尔伯特变换的物理含义是对信号的正频谱分量乘以 j，负频谱分量乘以 $-j$。以点频信号为例，输入信号 $s(t) = \sin(2\pi f_0 t)$ 的频谱为

$$S(f) = \frac{j}{2}\left[\delta(f+f_0) - \delta(f-f_0)\right] \tag{3.53}$$

对其进行希尔伯特变换，由式(3.53)可得输出信号的频谱表达式为

$$S_Q(f) = \frac{1}{2}\left[-\delta(f+f_0) - \delta(f-f_0)\right] \tag{3.54}$$

对以上等式两边同时取傅里叶反变换，可得信号 $s(t)$ 经过希尔伯特变换后的输出信号表达式为

$$s_Q(t) = -\cos(2\pi f_0 t) \tag{3.55}$$

显然，正弦函数的希尔伯特变换就是负的余弦函数。因此，希尔伯特变换可实现对输入信号 90°的相移而不影响其幅度大小。

3.4.2.3　单比特正交鉴相

辐射测量应用中需要对大带宽信号进行量化和正交变换等处理时，往往采

用低位量化技术,最典型的就是单比特(即 2 阶)量化器。下面介绍单比特数字正交鉴相处理方法。

假设输入的中频模拟信号为

$$x(t) = A(t)\cos\left[2\pi f_0 t + \varphi(t)\right]$$
$$= A(t)\left[\cos(2\pi f_0 t)\cos\varphi(t) - \sin(2\pi f_0 t)\sin\varphi(t)\right] \tag{3.56}$$

式中:f_0 为输入模拟信号的载波频率。

采用高速单比特 A/D 器件对输入信号进行量化,选取采样速率满足带通采样要求:

$$f_s = \frac{4f_0}{2M+1} \qquad M = 0,1,2,\cdots \tag{3.57}$$

式中:M 的取值要保证 $f_s \geq 2B$。此时,中频信号载波分量数字化后可以表示为

$$\begin{cases} \cos(2\pi f_0 t_n) = \cos\left(2\pi f_0 \dfrac{n}{f_s}\right) = \cos\left[(2M+1)\dfrac{n\pi}{2}\right] \\ \sin(2\pi f_0 t_n) = \sin\left(2\pi f_0 \dfrac{n}{f_s}\right) = \sin\left[(2M+1)\dfrac{n\pi}{2}\right] \end{cases} \quad n \text{ 为正整数} \tag{3.58}$$

当 n 为奇数,即 $n = 2m+1, m = 0,1,2,\cdots$ 时,式(3.58)可写为

$$\begin{cases} \cos(2\pi f_0 t_n) = 0 \\ \sin(2\pi f_0 t_n) = (-1)^m \end{cases} \tag{3.59}$$

当 n 为偶数,即 $n = 2m, m = 0,1,2,\cdots$ 时,式(3.58)可写为

$$\begin{cases} \cos(2\pi f_0 t_n) = (-1)^m \\ \sin(2\pi f_0 t_n) = 0 \end{cases} \tag{3.60}$$

将式(3.59)和式(3.60)代入式(3.56),可得单比特带通采样后的数字信号表达式

$$x(n) = \begin{cases} (-1)^m I(n) & n = 2m+1 \\ (-1)^m Q(n) & n = 2m \end{cases} \tag{3.61}$$

式中:$I(n) = A(t_n)\cos\varphi(t_n)$,$Q(n) = A(t_n)\sin\varphi(t_n)$,分别表示数字信号中的同相和正交分量。显然,$n$ 为偶数时可得 $I(n)$,n 为奇数时可得到 $Q(n)$,利用插值方法计算得到奇数点的 $I(n)$ 和偶数点的 $Q(n)$ 序列,即可输出完整的基带正交数字信号序列。

以采样速率选取 $f_s = 4f_0/3$ 为例,在该条件下串行输入的单比特正交解调处理流程如图 3.24 所示。

由于单比特量化后的输入信号为 $x(n) = \pm1$ 的数字离散序列,因此单比特正交数字解调中涉及的乘法和插值运算均可通过逻辑"异或"运算或查表方法来实现。

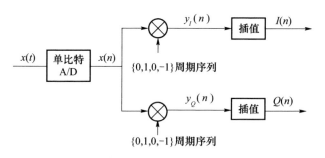

图 3.24　单比特正交解调处理

3.4.3　数字相关器

干涉技术在微波辐射信号测量中应用广泛,而相关器是微波辐射干涉测量设备中的关键部件。正如本书 2.4.1 节所述,相关器的出现和发展也极大地推动了微波辐射干涉测量技术的发展和应用。

相关器的基本功能是完成输入信号互相关运算。随机信号 $x(t)$、$y(t)$ $(0 \leqslant t \leqslant T)$ 的互相关函数定义式为

$$R_{xy}(\tau) = \frac{1}{T}\int_0^T x(t)y^*(t-\tau)\mathrm{d}t \qquad (3.62)$$

在参与互相关运算的两路信号无时延差或时延差可忽略(如窄带信号)的条件下,可以直接计算 $\tau = 0$ 时刻的互相关函数值以降低相关器的复杂度。基于这一原理的复相关器处理过程如图 3.25 所示。

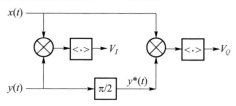

图 3.25　基本的复相关器原理

两路接收通道信号直接相关,称为同相(In – phase)相关;将其中一路信号进行 90°移相之后再相关,称为正交(Quad – phase)相关。二者合起来就称为复相关。把同相相关分量记作 V_I,正交相关分量记作 V_Q。复相关器输出可表示成:

$$\begin{cases} V = V_I + jV_Q \\ V_I = <x(t)y(t)> \\ V_Q = <x(t)y^*(t)> \end{cases} \qquad (3.63)$$

式中:$< \cdot >$ 表示求时间平均;$x(t)$、$y(t)$ 分别表示相关器输入信号;$y^*(t)$ 表示第 2 路输入出信号 $y(t)$ 经过 90°移相之后的信号。

3.4.3.1　单比特数字相关器

考虑更为复杂的应用,通常需要计算时延 τ 取不同值时的互相关函数值。根据计算原理的不同,可将复相关器分成两大类[6],第一大类是在时域上实现的时延相关器(Lag correlator)。图 3.25 中给出的正是这一类相关器中的特例(即只考虑零时延),此类复相关器在微波遥感成像辐射计和电子侦察测频测向中应用广泛。时延相关器可采用模拟或数字实现方式,与模拟相关器(或称为微波相关器)相比,数字相关器不仅性能和灵活性大幅提高,同时也大大降低相关器的尺寸和成本。

在大规模多通道数字相关器中,为降低系统规模和成本往往采用低阶量化技术。由于对模拟信号进行了有限位的量化会不可避免地引入量化噪声,因此需要考虑低阶量化导致的相关器处理损失。

若用 x 表示量化前的输入且满足 $E[x^2]=1$,y 表示量化后的输出,则量化损失可以用量化效率 η 来表示[11,12]为

$$\eta = (E[xy])^2/E[y^2] \tag{3.64}$$

式中:$E[\cdot]$ 为求均值运算。理想量化条件下 $x=y$,因此量化效率 $\eta=1$,表示无量化损失。

对于单比特(二阶)量化,$x \geq 0$ 时 $y=1$,$x<0$ 时 $y=-1$,则 $E[y^2]=1$,同时

$$E[xy] = E[|x|] = \frac{2}{\sqrt{2\pi}} \int_0^\infty xe^{-x^2/2}dx = \sqrt{\frac{2}{\pi}} \tag{3.65}$$

利用式(3.64)计算可得二阶量化的效率 $\eta_2 = 2/\pi \approx 0.64$。

对于不同量化阶数,分别计算 $E[y^2]$、$E[xy]$ 值即可得到对应的量化效率,结果如表 3.3 所列。

表 3.3　不同量化阶数对应的量化效率

量化阶数	η
2	0.64
3	0.81
4	0.88
8	0.96

3.4.3.2　数字 FX 相关器

另一大类相关器是频域互相关器(FX correlator)。根据维纳 – 辛钦(Wiener – Khinchine)定理[13],随机信号的互相关函数 $R_{xy}(\tau)$ 与互功率谱密度 $S_{xy}(\omega)$ 之间满足傅里叶变换关系

$$S_{xy}(\omega) = \int_{-\infty}^{+\infty} R_{xy}(\tau) e^{-j\omega\tau} d\tau \tag{3.66}$$

频域互相关器正是利用这一关系在频域计算两路输入信号的互功率谱密度,再通过傅里叶变换来完成互相关运算。

FX 相关器往往采用数字方式实现,具体途径可分为两种:一种是通过数字正交鉴相获得 I、Q 两路复信号后,再进行后续的离散傅里叶变换和互功率谱计算;另一种途径原理如图 3.26 所示,是直接对输入的 $2N$ 点实信号进行离散傅里叶变换,输出长度为 N 点的复数字信号后计算互功率谱密度,N 可以认为是信道个数或是频谱点数。

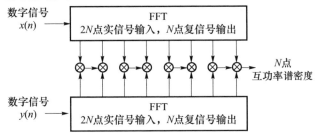

图 3.26 FX 相关器原理示意图

下面对 FX 相关器的运算量进行分析。考虑需要处理 M 个天线输入信号的两两互相关运算,即总共需要 $M(M-1)/2$ 个 FX 相关器单元。由于需要对每一组长度为 $2N$ 采样点输入信号进行一次傅里叶变换,若信号带宽为 B,则每秒需要执行 BM/N 次傅里叶变换运算,每个傅里叶变换需要 $N\log_2 N$ 次复乘运算。完成傅里叶变换后,每个 FX 相关器单元每秒需要执行 B/N 次 N 点复乘运算,共 $B \times M(M-1)/2$ 次复乘运算。考虑到每次复乘运算需要对 4 个实数进行操作,因此 M 通道的 FX 相关器每秒总的乘法运算次数为

$$n = 2BM(2\log_2 N + M - 1) \qquad (3.67)$$

位于智利阿塔卡马沙漠的 ALMA 是由直径 16km 范围内的 66 个毫米波天线组阵形成的大型毫米波综合孔径阵列射电天文望远镜。ALMA 系统的数字相关器机柜如图 3.27 所示。

图 3.27 ALMA 的数字相关器处理设备[14](见彩图)

采用了 FX 相关处理架构完成 16 个天线输入信号对应的 120 路互相关运算和 16 路自相关运算,信号带宽达 2GHz,最多可以划分为 8192 个信道,积分时间为 16ms。图 3.28(a)中给出了一路输入信号的时域波形和频谱,图 3.28(b)给出了对这一路信号的 FX 自相关处理结果。

由于采用了 FX 数字相关处理架构,因此可通过配置处理参数灵活实现 2GHz 全带宽以及带内局部频谱的高分辨相关谱计算。图 3.28(b)中上半部分是子带 0(12.625MHz 带宽)的 FX 自相关处理结果,频谱分辨力达 7.629kHz(共 2048 个信道);图 3.28(b)中下半部分是子带 1(2GHz 带宽)的 FX 自相关处理结果,频谱分辨力为 488.28kHz(共 4096 个信道)。

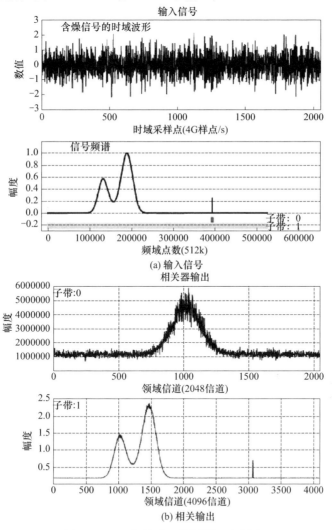

图 3.28　FX 相关处理结果[14](见彩图)

对比时延相关器和 FX 相关器,除了处理结构存在区别外,还有一些其他的特点:采用 FX 相关器的结构更为灵活,更容易实现射电天文中的条纹旋转以及非整数时延修正等复杂处理,而时延相关器更容易采用大规模集成电路(VLSI)方式实现,同时较之 FX 相关器具有更强的容错能力。因此,在实际中应根据具体应用背景以及处理算法需求选择适当的数字相关器方案。

参考文献

[1] 张祖荫,林士杰. 微波辐射测量技术及应用[M]. 北京:电子工业出版社,1995.

[2] 克劳斯,马赫夫克. 天线[M]. 3 版. 章文勋,译. 北京:电子工业出版社 2011.

[3] David A. EW101:电子战基础[M]. 王燕,朱松勋,译. 北京:电子工业出版社,2009.

[4] 李兴国,李跃华. 毫米波近感技术基础[M]. 北京:北京理工大学出版社,2009.

[5] Merrill l. Skolnik. 雷达手册[M]. 3 版. 南京电子技术研究所,译. 北京:电子工业出版社,2010.

[6] Thompson A R, Moran J M, Swenson Jr G W. Interferometry and Synthesis in Radio Astronomy[M]. 2nd ed. Wiley – VCH, 2004.

[7] 丁鹭飞,耿富录,等. 雷达原理[M]. 北京:电子工业出版社,2009.

[8] Niels S, David L V. Microwave Radiometer System Design and Analysis[M]. 2nd ed. Artech House, 2006.

[9] 戈稳. 雷达接收机技术[M]. 北京:电子工业出版社,2008.

[10] 郭崇贤. 相控阵雷达接收技术[M]. 北京:国防工业出版社,2009.

[11] Thompons A R, Emerson D T, Schwab F R. Convenient formulas for quantization efficiency[J]. Radion Science, 2007, 42(3):623 – 626.

[12] 王飞鹏,吴季. 综合孔径微波辐射计两阶量化数字相关器研究[J]. 电子学报, 2002, 30(3):450 – 453.

[13] 陈生潭,郭宝龙,李学武,等. 信号与系统[M]. 2 版. 西安:西安电子科技大学出版社,2001.

[14] Sachiko K O, Yoshihiro C, Takeshi K, et al. Atacama Compact Array Correlator for Atacama Large Millimeter/submillimeter Array[C]. Toyama, Japan:International Union of Radio Science (URSI),2010 Asia – Pacific Radio Science Conference,2010.

第 **4** 章
毫米波辐射探测基础理论

◤4.1 引 言

在毫米波辐射无源探测应用中,主要利用了目标和背景环境的辐射特性差异来实现对目标的有效探测。除目标和背景环境自身辐射特性外,毫米波信号的传输衰减也是影响实际工程应用中目标探测的重要因素。因此,本章首先对毫米波信号的传输特性、目标以及背景环境的毫米波辐射特性进行介绍,为后续毫米波辐射探测技术介绍奠定理论基础。具体安排如下:

本章4.2节首先介绍毫米波信号的传输衰减特性;4.3节针对毫米波辐射无源探测应用中对空和对地两种典型场景,给出目标及环境背景的毫米波辐射特征模型;4.4节介绍毫米波辐射无源探测距离方程。

◤4.2 毫米波信号传输特性

毫米波信号的传输衰减主要与大气的传输特性有关,而大气的传输特性会随着大气层的温度、密度、气压、湿度、降雨率等因素的变化而变化。因此,本节首先对大气的物理模型进行介绍,并在此基础上给出大气的传输模型。

4.2.1 大气物理模型

在大气层90km以内,除了水蒸气受天气条件和时间变化影响比较大之外,大气的基本组成是相对稳定的。根据现在的地理学理论,大气的主要成分是氮气(N_2)和氧气(O_2),海平面上两者分别占大气总体积的20.94% 和76.08%。大气中还存在着氩(Ar),二氧化碳(CO_2),氖(Ne)和氦(He)等稀有气体元素,它们加在一起所占大气体积的比例还不到1%。虽然它们所起的作用相对水和氧气来说差不多,但由于其含量非常小,所以带来的影响可以忽略不计[1]。

标准大气(通常所说的空气)是能够反映某地区(如中纬度)垂直方向上气

温、气压、湿度等近似平均分布的一种大气模式。它能粗略地反映中纬度地区大气多年年平均状况,并得到一国或国际组织承认。现在国际上通用的大气模式是 1976 年美国标准大气,它能代表中等太阳活动期间,中纬度地区由地面到 1000km 的理想静态大气的平均结构[2]。如果只考虑大气发射和吸收的要求,依据 1976 年美国标准大气模型,在 30km 高处的大气密度大约是 $1.841 \times 10^{-2} \mathrm{kg}/\mathrm{m}^3$,仅为标准大气密度的 1.5%,可忽略不计,因此通常只需要研究 30km 以下部分的大气状况。中国国家标准总局将 1976 年美国标准大气的 30km 以下部分选作中国的大气国家标准(GB 1920—80),并自 1980 年 5 月 1 日起实施。这样规定的标准大气压与中国中纬度(北纬 45°)实际大气十分接近,所以 1976 年美国标准大气模型常被用来模拟实际大气分布。

根据 1976 年美国标准大气模型和理想气体状态方程,可以得到温度、大气密度、水汽密度和气压等的分布曲线。

1)温度分布

海平面上高度为 z 处的大气温度为

$$T(z) = \begin{cases} T_0 - a \cdot z & 0 \leqslant z < 11\mathrm{km} \\ T(11) & 11 \leqslant z < 20\mathrm{km} \\ T(11) + (z - 20) & 20 \leqslant z < 32\mathrm{km} \end{cases} \tag{4.1}$$

式中:T_0 为海平面的大气温度且 $T_0 = 288.15\mathrm{K}$;$T(11)$ 为海拔 11km 处大气温度且 $T(11) = 216.77\mathrm{K}$;a 为大气温度的变化系数且 $a = 6.5\mathrm{K/km}$。

2)密度分布

随高度 z 的增加,干燥大气的密度 ρ_a 按指数规律下降为

$$\rho_a(z) = 1.225\mathrm{e}^{-z/H_1} \quad (\mathrm{kg/m}^3) \tag{4.2}$$

式中:$\rho_a(z)$ 为海拔 $z$km 处的空气密度;H_1 为密度标高且 $H_1 = 0.95\mathrm{km}$。根据式(4.2)计算得出的 10km 内的大气密度分布与标准大气较吻合,误差较小,超过 10km 则误差变大。若需计算海拔 30km 以内的大气密度,则可以采用下式:

$$\rho_a(z) = 1.225\mathrm{e}^{-z/H_2}[1 + 0.3\sin(z/H_2)] \quad (\mathrm{kg/m}^3) \tag{4.3}$$

式中:密度标高 $H_2 = 7.3\mathrm{km}$。

3)水汽密度分布

大气中的水汽含量是某些气象参数的函数,与大气温度有密切关系。例如,在海平面上,很冷的干燥天气时水汽密度为 $0.01\mathrm{g/m}^3$,在热而潮湿的天气时,水汽密度可高达 $30\mathrm{g/m}^3$。水汽密度 W_v 随高度的增加也按指数规律下降,于是有

$$W_v = W_0\mathrm{e}^{-z/H_3} \quad (\mathrm{g/m}^3) \tag{4.4}$$

式中:$W_0 = 7.72\mathrm{g/m}^3$;H_3 为水汽密度标高,一般可在 2~2.5km 之间选择 H_3 的适当值。

4）气压分布

根据理想气体状态方程导出的下述表达式可计算海拔 30km 以内的气压分布，即

$$P(z) = 2.87\rho_a(z)T(z) \quad (\text{mbar}) \tag{4.5}$$

式中：$T(z)$ 和 $\rho_a(z)$ 分别由式（4.1）和式（4.2）给出。

由于大气气压、密度以及水汽密度强烈地依赖于一天内的时间、季节、地理位置和大气的活动，因此以上给出的大气温度、密度、气压以及水汽密度分布仅具有一定的参考性。在实际探测应用中，获取大气的准确物理模型需要对当时当地的大气气压、密度以及水汽密度进行实际测量。

4.2.2　毫米波大气传输模型

对于大气的辐射传输模型，国内外学者已提出多种不同的计算模型，例如 Liebe 模型、MPM 模型等，其中 MPM 模型（即毫米波传播模型）已被普遍接受。MPM 模型是复折射率的宽带模型，能够预测 1000GHz 以内大气传输衰减系数和延迟效应，该模型能够对不同天气条件进行更接近实际的计算和模拟，可行性强，因而成为研究毫米波大气辐射传输特性的一种重要参考模型[3]。下面将基于 MPM 模型，分别讨论晴空天气、云雾天气以及雨天天气三种典型天气条件下大气的辐射传输特性。

4.2.2.1　晴空天气下大气衰减系数

根据文献[3-5]，晴空条件下的 MPM 模型的大气衰减（吸收）系数表达式为

$$k_{\text{CLEAR}} = 0.182fN''(f) = 0.182f(N''_{\text{L}} + N''_{\text{d}} + N''_{\text{c}}) \tag{4.6}$$

式中：N''_{L} 为谱线吸收谱；N''_{d} 为干燥空气非谐振谱；N''_{c} 为水蒸气连续吸收谱。

谱线吸收谱 N_{L} 是由 44 条氧气吸收线和 30 条水蒸气吸收线组成，表达式为[3,4]

$$N''_{\text{L}} = \sum_{i=1}^{44} S_i F''(f_i) + \sum_{j=1}^{30} S_j F''(f_j) \tag{4.7}$$

式中：氧气谱线吸收谱为

$$S_i = 10^{-6}a_1 p\theta^3 e^{a_2(1-\theta)} \tag{4.8}$$

$$F''(f_i) = \frac{\gamma f/f_0}{(f_0+f)^2+\gamma^2} + \frac{\gamma f/f_0}{(f_0-f)^2+\gamma^2}$$

$$-10^{-3}(a_5+a_6\theta)p\theta^{0.8}\frac{f}{f_0}\left[\frac{f_0+f}{(f_0+f)^2+\gamma^2} + \frac{f_0-f}{(f_0-f)^2+\gamma^2}\right] \tag{4.9}$$

式（4.9）中

$$\gamma = 10^{-3} a_3 (p\theta^{(0.8-a_4)} + 1.1q\theta) \tag{4.10}$$

水蒸气谱线吸收谱为

$$S_j = b_1 q\theta^{3.5} e^{b_2(1-\theta)} \tag{4.11}$$

$$F''(f_i) = \frac{\gamma f/f_0}{(f_0+f)^2 + \gamma^2} + \frac{\gamma f/f_0}{(f_0-f)^2 + \gamma^2} \tag{4.12}$$

式(4.12)中

$$\gamma = 10^{-3} b_3 (p\theta^{b_4} + b_5 q\theta^{b_6}) \tag{4.13}$$

式(4.9)与式(4.12)中，f_0 为氧气和水蒸气吸收线的中心频率。式(4.8)~式(4.13)中，θ 为相对反向温度变量，其表达式为 $\theta = 300/(T+273.15)$；q 为水蒸气的局部压强，其表示式为 $q = 1.0682 \cdot e^{(-z/2.25)/\theta}$；$p$ 是干燥空气的局部压强，其表示式为 $p = P - q$，P 为大气压强。$a_1 \sim a_6$ 和 $b_1 \sim b_6$ 分别是氧气和水蒸气的谱线计算系数，其具体值如表4.1、表4.2所列。

对于干燥空气的非谐振谱 N''_d，其表达式为

$$N''_d = \frac{S_d f}{\gamma_0} \left[1 + \left(\frac{f}{\gamma_0}\right)^2 \right]^{-1} + a_p f p^2 \theta^{3.5} \tag{4.14}$$

式中

$$S_d = 6.14 \times 10^{-4} p\theta^2 \tag{4.15}$$

$$\gamma_0 = 5.6 \times 10^{-3} (p + 1.1q)\theta \tag{4.16}$$

$$a_p = 1.4 \times 10^{-10} (1 - 1.2 \times 10^{-5} f^{1.5}) \tag{4.17}$$

对于水蒸气的连续谱 N''_c，其表达式为

$$N''_c = 10^{-5} (3.57 q\theta^{7.5} + 0.113p) q\theta^3 f \tag{4.18}$$

根据式(4.6)~式(4.18)，就可以求出晴空天气下大气的衰减系数，为后续毫米波信号的传输衰减以及大气自身辐射亮温的计算提供基础。

表 4.1　氧气的 44 条吸收线的中心频率及对应的谱线计算系数[4]

i	中心频率 f_i/GHz	a_1	a_2	a_3	a_4	a_5	a_6
1	50.474	0.940	9.694	8.600	0	1.600	5.520
2	50.988	2.460	8.694	8.700	0	1.400	5.520
3	51.503	6.080	7.744	8.900	0	1.165	5.520
4	52.021	14.140	6.844	9.200	0	0.883	5.520
5	52.542	31.020	6.004	9.400	0	0.579	5.520
6	53.067	64.100	5.224	9.700	0	0.252	5.520
7	53.600	124.700	4.484	10.000	0	-0.066	5.520
8	54.130	228.000	3.814	10.200	0	-0.314	5.520
9	54.671	391.800	3.194	10.500	0	-0.706	5.520

（续）

i	中心频率 f_i/GHz	a_1	a_2	a_3	a_4	a_5	a_6
10	55.221	631.600	2.624	10.790	0	−1.151	5.514
11	55.784	953.500	2.119	11.100	0	−0.920	5.025
12	56.265	548.900	0.015	16.46	0	2.881	−0.069
13	56.363	1344.000	1.660	11.440	0	−0.596	4.750
14	56.968	1763.000	1.260	11.810	0	−0.556	4.104
15	57.612	2141.000	0.915	12.210	0	−2.414	3.536
16	58.324	2386.000	0.626	12.660	0	−2.635	2.686
17	58.447	1457.000	0.084	14.490	0	6.848	−0.647
18	59.164	2404.00	0.391	13.190	0	−6.032	1.858
19	59.591	2112.000	0.212	13.600	0	8.266	−1.413
20	60.306	2124.000	0.212	13.820	0	−7.170	0.916
21	60.435	2461.000	0.391	12.970	0	5.664	−2.323
22	61.151	2504.000	0.626	12.480	0	1.731	−3.039
23	61.800	2298.000	0.915	12.070	0	1.738	−3.797
24	62.411	1933.000	1.260	11.710	0	−0.048	−4.277
25	62.486	1517.000	0.083	14.680	0	−4.290	0.238
26	62.998	1503.000	1.665	11.390	0	0.134	−4.860
27	63.569	1087.000	2.115	11.080	0	0.541	−5.079
28	64.128	733.500	2.620	10.780	0	0.814	−5.525
29	64.679	463.500	3.195	10.500	0	0.415	−5.520
30	65.224	274.800	3.815	10.200	0	0.069	−5.520
31	65.765	153.000	4.485	10.000	0	−0.143	−5.520
32	66.303	80.090	5.225	9.700	0	−0.428	−5.520
33	66.837	39.460	6.005	9.400	0	−0.726	−5.520
34	67.370	18.320	6.845	9.200	0	−1.002	−5.520
35	67.901	8.010	7.745	8.900	0	−1.255	−5.520
36	68.431	3.300	8.695	8.700	0	−1.500	−5.520
37	68.960	1.280	9.695	8.600	0	−1.700	−5.520
38	118.750	945.00	0.009	16.300	0	−0.247	0.003
39	368.498	67.900	0.049	19.200	0.6	0	0
40	424.763	638.000	0.044	19.160	0.6	0	0
41	487.250	235.000	0.049	19.200	0.6	0	0
42	715.393	99.600	0.145	18.100	0.6	0	0
43	773.840	671.000	0.130	18.100	0.6	0	0
44	834.145	180.000	0.147	18.100	0.6	0	0

表 4.2　水蒸气的 30 条吸收线的中心频率及对应的谱线计算系数[4]

i	中心频率 f_i/GHz	b_1	b_2	b_3	b_4	b_5	b_6
1	22.235	0.109	2.143	28.110	0.690	4.800	1.000
2	67.814	0.001	8.735	28.580	0.690	4.930	0.820
3	119.996	0.001	8.356	29.480	0.700	4.780	0.790
4	183.310	2.300	0.668	28.130	0.640	5.300	0.850
5	321.226	0.046	6.181	23.030	0.670	4.690	0.540
6	325.153	1.540	1.540	27.830	0.680	4.850	0.740
7	336.187	0.001	9.829	26.930	0.690	4.740	0.610
8	380.197	11.900	1.048	28.730	0.690	5.380	0.840
9	390.134	0.004	7.350	21.520	0.630	4.810	0.550
10	437.347	0.064	5.050	18.450	0.600	4.230	0.480
11	439.151	0.921	3.596	21.000	0.630	4.290	0.520
12	443.018	0.194	5.050	18.600	0.600	4.230	0.500
13	448.001	10.600	1.405	26.320	0.660	4.840	0.670
14	470.889	0.330	3.599	21.520	0.660	4.570	0.650
15	474.689	1.280	2.381	23.550	0.650	4.650	0.640
16	488.491	0.253	2.853	26.020	0.690	5.040	0.720
17	503.569	0.037	6.733	16.120	0.610	3.980	0.430
18	504.483	0.013	6.733	16.120	0.610	4.010	0.450
19	556.936	510.000	0.159	32.100	0.690	4.110	1.000
20	620.701	5.090	2.200	24.380	0.710	4.680	0.680
21	658.007	0.274	7.820	32.100	0.690	4.140	1.000
22	752.033	250.000	0.396	30.600	0.680	4.090	0.840
23	841.074	0.013	8.180	15.900	0.330	5.760	0.450
24	859.865	0.133	7.989	30.600	0.680	4.090	0.840
25	899.407	0.055	7.917	29.850	0.680	4.530	0.900
26	902.555	0.038	8.432	28.650	0.700	5.100	0.95
27	906.206	0.183	5.111	24.080	0.700	4.700	0.530
28	916.172	8.560	1.442	26.700	0.700	4.780	0.780
29	970.315	9.160	1.920	25.500	0.640	4.940	0.670
30	987.927	138.000	0.258	29.850	0.680	4.550	0.900

4.2.2.2　云雾天气下大气衰减系数

对于云、雾天气条件,大气的总的衰减系数表达式为

$$k_{CF} = k_{CLEAR} + k_W \tag{4.19}$$

式中:k_{CLEAR} 是式(4.6)中给出的晴空天气下大气的衰减系数;k_W 是云雾天气下悬浮水滴的衰减系数。

云、雾中的水凝物由众多的水滴或冰粒组成,这些悬浮水滴和冰粒是有效的毫米波吸收体,主要通过水滴密度参数 $W(g/m^3)$ 对毫米波辐射造成影响。由于这些颗粒与电磁辐射相互作用时既会发生吸收现象,又可能产生散射现象,使云、雨条件下的大气衰减计算很复杂。为了简化计算,通常采用瑞利吸收近似代替米氏散射理论来计算大气中悬浮水滴或冰粒的功率衰减系数。

式(4.20)给出了在云、雾天气条件下,悬浮水滴或冰粒的功率衰减系数表达式为

$$k_W = 0.1820 f N''_W(f) \quad (dB \cdot km^{-1}) \tag{4.20}$$

其中悬浮水滴或冰粒的折射率 $N''_w(f)$ 为

$$N''_w(f) = \frac{9W}{2\varepsilon''(1 + \eta^2)} \tag{4.21}$$

式中:W 为云、雾中的水滴密度,对于一般云、雾天气,水滴密度约为 $0.25g/m^3$;$\eta = (2 + \varepsilon')/\varepsilon''$,$\varepsilon'$ 和 ε'' 分别是液态水的介电常数的实部和虚部,其具体表达式由双德拜模型计算,为

$$\varepsilon'(f) = \frac{(\varepsilon_0 - \varepsilon_1)}{1 + (f/f_p)^2} + \frac{(\varepsilon_1 - \varepsilon_2)}{1 + (f/f_s)^2} + \varepsilon_2 \tag{4.22}$$

$$\varepsilon''(f) = \frac{(\varepsilon_0 - \varepsilon_1)(f/f_p)}{1 + (f/f_p)^2} + \frac{(\varepsilon_1 - \varepsilon_2)(f/f_s)}{1 + (f/f_s)^2} \tag{4.23}$$

式中:$\varepsilon_0(T) = 77.66 + 103.3(\theta - 1)$,$\varepsilon_1 = 5.48$,$\varepsilon_2 = 3.51$,主、次弛豫频率分别为

$$f_p(T) = 20.09 - 142.4(\theta - 1) + 294(\theta - 1)^2 \quad (GHz) \tag{4.24}$$

$$f_s(T) = 590 - 1500(\theta - 1) \quad (GHz) \tag{4.25}$$

式中:$\theta = 300/(T + 273.15)$。该式最适合温度在 $-10 \sim 30℃$ 之间且频率在 1000GHz 以内的介电常数数据。

综合式(4.20)~式(4.25),可以求出在云雾天气下大气的衰减系数,从而可以计算云雾大气的辐射亮温。

4.2.2.3　雨天天气下大气衰减系数

对于雨天来说,影响衰减系数的重要因素是雨强。对于雨天天气条件,大气

总的衰减系数表达式为

$$k_{\mathrm{RAIN}} = k_{\mathrm{CLEAR}} + k_{\mathrm{W}} + k_{\mathrm{R}} \tag{4.26}$$

式中:k_{CLEAR}为式(4.6)中给出的晴空天气下大气的衰减系数;k_{W}为式(4.20)中给出的悬浮水滴的衰减系数;k_{R}为雨的衰减系数。雨滴的折射率N_{R}同时受到吸收和散射作用的影响。当雨滴的直径在0.1~5mm之间时,即当雨滴直径和电磁波波长相当时,会发生散射。根据雨滴外形、尺寸和水的介电常数计算雨的衰减系数的过程相当复杂。为了避免这种复杂的计算,Liebe提出下面的近似,即将雨的衰减系数k_{R}表达为

$$k_{\mathrm{R}} = 0.1820fN''_{\mathrm{R}}(f) \approx c_{\mathrm{R}}R^z = x_1 f^{y_1} R^{x_2 f^{y_2}} \tag{4.27}$$

式中:R为降雨率(mm/h);系数$x_i, y_i (i=1,2)$由表4.3列出。

表4.3 系数$x_i, y_i (i=1,2)$的取值

f/GHz	x_1	y_1	f/GHz	x_2	y_2
1~2.9	3.51×10^{-4}	1.03	1~8.5	0.851	0.158
2.9~54	2.31×10^{-4}	1.42	8.5~25	1.41	-0.0779
54~180	0.225	-0.301	25~164	2.63	-0.272
180~1000	18.6	-1.151	164~1000	0.616	0.0126

◣ 4.3 典型场景毫米波辐射特征

本节主要针对毫米波辐射无源探测应用,给出了天空、地面、地面金属车辆以及空中目标等典型环境和对象的毫米波辐射特征。

4.3.1 天空环境与空中目标辐射

基于毫米波辐射的对空无源探测应用中,目标对象主要是飞机、导弹等各类空中军事目标,除目标之外的其他辐射来源(主要是大气环境)均认为是环境背景辐射。下面将分别介绍天空环境辐射模型和空中目标辐射模型。

4.3.1.1 天空环境辐射

在辐射测量领域,常将天线主波束轴线与铅垂线的夹角定义为观测角。对空探测时天空环境的毫米波辐射观测模型如图4.1所示,图中设定辐射测量系统天线中心为坐标原点,系统天线指向的天顶角和方位角为(θ, φ)。天线测量到的视在辐射亮温$T_{\mathrm{AP}}(\theta, \varphi)$就是在$(\theta, \varphi)$方向上向下传播的大气辐射亮温$T_{\mathrm{skyDN}}$。

宇宙的微波辐射亮温值很小(约为2.73K),一般可以忽略不计。因此,天

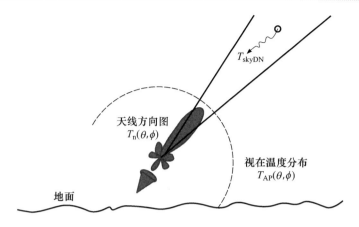

图 4.1　天空的毫米波辐射观测模型示意图(见彩图)

线接收到的天空环境的视在亮温可表达为[1,6]

$$T_{AP}(\theta,\phi) = T_{skyDN}(\theta,\phi) \approx \sec\theta\int_0^\infty k_e(z) T(z) e^{-\tau(0,z)\sec\theta}dz \qquad (4.28)$$

式中:$k_e(z)$为海拔 z 处的大气衰减系数(Np),可根据 4.2.2 节中介绍的大气传输模型求得;$T(z)$为海拔 z 处的大气热力学温度;$\tau(0,z)$表示从海拔高度 0 处到高空 z 之间的大气层铅垂方向上的光学厚度,其具体表达式为

$$\tau(0,z) = \int_0^z k_e(z)\,dz$$

图 4.2 给出了 3mm 波段晴朗天空亮温的仿真及实测结果,其中实线代表根据式(4.28)仿真得到的不同观测角下晴朗天空亮温结果,虚线代表利用实孔径辐射计测量得到的天空亮温结果。

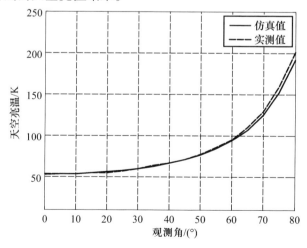

图 4.2　3mm 波段晴朗天空亮温的仿真及实测结果

在观测角 0° ~ 60° 范围内, MPM 理论模型与实测值具有很好的一致性。对观测角大于 60° 时, MPM 理论模型也能作一定的参考。

有关天空环境辐射亮温模型及理论在射电天文和遥感观测领域已经相当成熟, 感兴趣的读者可以参考相关文献[1,3,6-8]。下面仅给出 3mm 波段不同天气条件下天空亮温的典型值以供参考, 如表 4.4 所示。

表 4.4   不同天气情况下天空亮温典型值

天气条件	天空亮温/K
晴朗	10 ~ 60
浓雾	120
多云	150
中雨	240

4.3.1.2   空中目标辐射

考虑与图 4.1 所示相同的场景, 假设天线波束很窄, 空中目标在其观测方向 (θ, φ) 上并且占满了整个波束, 则天线测量到的视在辐射亮温包含以下三部分: 目标至天线口面间大气的向下辐射亮温 $T_{DN}(\theta, \varphi)$, 目标自身辐射, 以及目标对入射到其表面上的环境辐射的反射。

因此天线接收到的空中目标辐射亮温可表达为[9]

$$T_{AP}(\theta, \varphi) = T_{DN}(\theta, \varphi) + t[e_t T_t + (1 - e_t) T_R(\theta, \varphi)]$$

$$= \sec\theta \int_0^h k_e(z) T(z) e^{-\tau(0,z)\sec\theta} dz$$

$$+ e^{-\tau(0,h)\sec\theta} [e_t T_t + (1 - e_t) T_R(\theta, \varphi)] \quad (4.29)$$

式中: h 为空中目标所处的高度; t 为空中目标到微波辐射计天线口面间的大气透射率, 即 $t = e^{-\tau(0,h)\sec\theta}$; e_t 为空中目标的辐射系数; T_t 为空中目标的物理温度; $T_R(\theta, \varphi)$ 为环境辐射入射到空中目标表面上的亮温分量。

入射到目标表面的环境辐射 $T_R(\theta, \varphi)$ 包含了三部分: 从地面向上传播到空中目标下表面的大气向上辐射亮温 $T_{UP}(\theta, \varphi)$, 地面自身向外辐射的微波辐射亮温, 以及地面对投射到其表面的大气向下辐射亮温 $T_{skyDN}(\theta, \varphi)$ 的反射。其具体表达式为

$$T_R(\theta, \phi) = T_{UP}(\theta, \phi) + t[e_g T_g + (1 - e_g) T_{skyDN}(\theta, \phi)]$$

$$= \sec\theta \int_0^h k_e(z) T(z) e^{-\tau(z,h)\sec\theta} dz + e^{-\tau(0,h)\sec\theta} [e_g T_g$$

$$+ (1 - e_g) \sec\theta \int_0^\infty k_e(z) T(z) e^{-\tau(0,z)\sec\theta} dz] \quad (4.30)$$

式中: e_g 为地球表面的辐射系数; T_g 为地球表面的物理温度。

以空中隐身目标为例,假设其表面发射率 $e_t = 1$,则式(4.29)可以简化为

$$T_{AP}(\theta, \varphi) = T_{DN} + tT_t \tag{4.31}$$

因此,理想条件下空中隐身目标与天空环境的辐射亮温对比度为

$$\Delta T = T_{bkgd} - T_{target} = T_{skyDN} - T_{DN} - tT_t \tag{4.32}$$

式中:T_{bkgd} 为环境背景的辐射亮温;T_{target} 为目标的辐射亮温。

假设空中隐身目标飞行高度为 10km,距离地面接收天线为 100km,则在 3mm 波段晴朗天空下,仿真得到空中隐身目标与天空环境的辐射亮温对比度 $\Delta T = 216K$。显然,空中隐身目标和天空背景之间存在较高的亮温对比度,因此利用这一目标特征可实现对天空背景中隐身目标的探测。

4.3.2　地面环境与地面目标辐射

为了简化表述,毫米波辐射对地无源探测应用中的地面目标一般是指各种高价值军事目标,如装甲车辆、雷达及其运输平台、导弹发射架等,而地面场景中除目标之外的草地、混凝土、岩石及耕地等各类辐射来源均被认为是地面环境背景。

需要指出的是,目标与环境背景的区分应以实际应用中关注的目标对象为准。例如,当毫米波辐射无源探测系统对地面机场跑道上的飞机进行成像探测时,目标对象是飞机,沥青跑道以及周边的草地和建筑物则为环境背景;但当系统对地面机场跑道进行成像探测时,显然沥青跑道就成为对象,而跑道周边的草地和建筑物则为环境背景。

下面将分别对地面环境辐射模型和地面目标辐射模型进行介绍。

4.3.2.1　地面环境辐射

地面环境的毫米波辐射观测模型如图 4.3 所示。设定辐射测量系统天线的海拔高度为 h,指向天顶角和方位角为 (θ, φ)。忽略宇宙背景辐射,天线测量到的视在辐射亮温 T_{AP}(即地面环境辐射)包含了地面与天线之间大气的向上辐射亮温 T_{UP}、地面自身辐射 T_G 和地面对大气辐射向下辐射的反射 T_{SC}。

因此天线接收到的地面环境辐射亮温表达式为

$$\begin{aligned}
T_{AP}(\theta, \varphi) &= T_{UP}(\theta, \varphi) + t(e_g T_G + T_{SC}) = T_{UP}(\theta, \varphi) \\
&\quad + t[e_g T_G + (1 - e_g) T_{skyDN}] \\
&= \sec\theta \int_0^h k_e(z) T(z) e^{-\tau(z,h)\sec\theta} dz + e^{-\tau(0,h)\sec\theta} [e_g T_G \\
&\quad + (1 - e_g) \sec\theta \int_0^\infty k_e(z) T(z) e^{-\tau(0,z)\sec\theta} dz] \tag{4.33}
\end{aligned}$$

式中:$k_e(z)$ 为海拔 z 处的大气衰减系数(Np);$T(z)$ 为海拔 z 处的大气热力

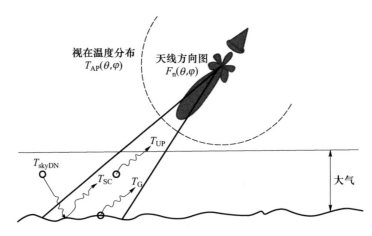

图 4.3　地面环境毫米波辐射观测模型示意图

学温度;t 为空中目标到微波辐射计天线口面间的大气透射率,即 $t = \mathrm{e}^{-\tau(0,h)\sec\theta}$;$\tau(0,z)$ 为从海拔高度 0 处到高空 z 之间的大气层铅垂方向上的光学厚度,其具体表达式为 $\tau(0,z) = \int_0^z k_\mathrm{e}(z)\mathrm{d}z$;$e_\mathrm{g}$ 为地球表面的辐射系数;T_G 为地球表面的热力学温度。

　　不同地面环境,如草地、水泥地、沙土地、水面等发射率各不相同,同时地面环境辐射亮温还受季节变化、天气变化以及观测角度变化等影响。各类典型地物表面在 8mm 波段和 3mm 波段的发射率如表 4.5 所列。

表 4.5　典型地物表面的发射率[10]

波长(λ) 地物类型　发射率	$\lambda = 8\mathrm{mm}$	$\lambda = 3\mathrm{mm}$
草地	1.0	1.0
沥青	0.98	0.98
混凝土	0.92	0.86
干沙	0.86	0.90
水面	0.63	0.38

　　对地遥感领域中对地面环境辐射模型开展了深入研究,感兴趣的读者可以参考相关文献。本书针对毫米波辐射无源探测应用,仅给出各种典型地面环境在 3mm 波段(图 4.4)的辐射亮温数据供参考[11]。

4.3.2.2　地面目标辐射

　　考虑与图 4.3 所示相同的场景,假设天线波束很窄,地面目标位于其观测方向 (θ,φ) 上且占满了整个波束,则天线测量到的视在辐射亮温包含以下三部分:

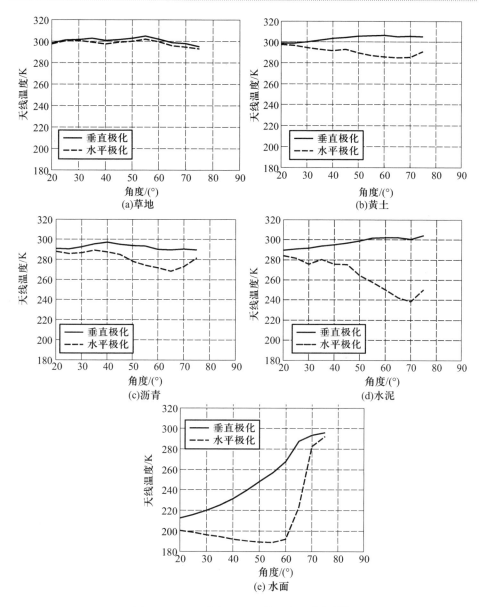

图 4.4　3mm 波段地面环境的亮温数据[11]

地面目标至天线间的大气向上辐射亮温 T_{UP},地面目标自身辐射,以及地面目标对入射到其表面上的大气向下辐射 T_{DN} 的反射。

因此天线接收到的地面目标的辐射亮温可以表达为[12-14]

$$T_{AP}(\theta,\varphi) = T_{UP}(\theta,\varphi) + t[e_t T_t + (1-e_t)T_{DN}(\theta,\varphi)]$$

$$= \sec\theta \int_0^h k_e(z) T(z) e^{-\tau(z,h)\sec\theta} dz + e^{-\tau(0,h)\sec\theta}[e_t T_t$$

$$+ (1 - e_t) \sec\theta \int_0^\infty k_e(z) T(z) e^{-\tau(0,z)\sec\theta} dz] \qquad (4.34)$$

式中：e_t 为地面目标的发射系数；T_t 为地面目标的物理温度；其他参数与式(4.33)中定义相同。

对于理想金属目标，其发射率为 0，即 $e_t = 0$，则式(4.34)简化为

$$T_{AP}(\theta,\varphi) = T_{UP}(\theta,\varphi) + t[(1 - e_t)T_{DN}(\theta,\varphi)]$$

$$= \sec\theta \int_0^h k_e(z) T(z) e^{-\tau(z,h)\sec\theta} dz$$

$$+ e^{-\tau(0,h)\sec\theta} [\sec\theta \int_0^\infty k_e(z) T(z) e^{-\tau(0,z)\sec\theta} dz] \qquad (4.35)$$

当天顶角 θ 比较小时，式(4.35)中大气向下辐射亮温 $T_{DN}(\theta,\varphi)$ 可近似为[6,15]

$$T_{DN}(\theta,\varphi) = \sec\theta \int_0^\infty k_e(z) T(z) e^{-\tau(0,z)\sec\theta} dz \approx (1.12T_0 - 50)(1 - e^{-\tau(0,\infty)\sec\theta})$$

$$(4.36)$$

式中：T_0 为地面的物理温度。该近似在当天顶角 θ 比较小时与实际测量情况有较好的一致性。

于是地面金属目标和背景的辐射亮温对比度可以表达为

$$\Delta T = T_{bkgd} - T_{target} = t(e_g T_g - e_g T_{DN}) \qquad (4.37)$$

对地面金属目标辐射探测的一个典型应用就是末敏弹，其主要应用场景是实现对近距离地面装甲车辆的探测，此时大气衰减可以忽略不计，即 $t = 1$，因此地面和金属目标的对比度可简化为

$$\Delta T = T_{bkgd} - T_{target} = e_g(T_g - T_{DN}) \qquad (4.38)$$

假设地面的发射率 $e_g = 0.935$，$T_g = 300K$，且 T_{DN} 取典型值 50K，则可以得到 $\Delta T = 233.8K$。可见地面金属目标和地面背景之间有较高的亮温对比度。因此，末敏弹可以通过检测金属目标与地面背景的亮温差异实现对地面车辆的探测。

以上给出了普遍意义上的地面目标辐射亮温模型。实际中要掌握类似于装甲车辆这样的复杂目标的毫米波辐射特性，还需要针对具体目标研究其结构外形、表面涂层与伪装措施、环境辐射来源，以及观测角度和气象条件对其辐射特性的影响。

▚ 4.4 毫米波辐射探测距离方程

毫米波无源探测系统从应用的角度可以分为毫米波辐射目标探测和毫米波辐射成像两大类。其中，毫米波辐射目标探测是指从观测场景中实现特定感兴趣目标的检测，而毫米波辐射成像则要求系统获取整个观测场景的辐射亮温图

像。两种情况对应的系统要求和设计方法均不尽相同,为方便论述起见,下面将首先针对目标探测应用场景探讨毫米波辐射探测距离方程,并在节末讨论该距离方程推广至毫米波辐射成像应用场景的情况。

4.4.1　波束平滑效应

毫米波辐射探测距离方程适用于评估辐射探测系统的探测距离这一关键能力指标,同时也可用于指导毫米波辐射探测系统设计。辐射测量学中通常使用亮温来描述目标的辐射特征,因此辐射探测距离方程最直观的表达形式就是以亮温来描述。

最基本的目标探测场景如图 4.5 所示,接收天线面积为 A_r,工作波长为 λ,形成了指向目标的理想天线波束,对应立体角为 $\Omega_p = \lambda^2/A_r$。当天线与目标间距离为 R 时,天线波束在目标处的投影面积为

$$A = \Omega_p \cdot R^2 = \lambda^2 R^2 / A_r \qquad (4.39)$$

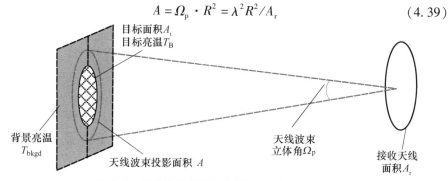

图 4.5　毫米波辐射目标探测示意图(见彩图)

假设均匀环境背景辐射亮温为 T_{bkgd},目标亮温为 T_B,则定义目标与背景亮温差为

$$\Delta T_B = T_B - T_{bkgd} \qquad (4.40)$$

式中:ΔT_B 常称为目标背景亮温差(或亮温对比度),单位为 K。

当目标亮温高于环境背景亮温时,毫米波辐射探测需要在"冷"背景上检测"热"目标;而当目标亮温低于环境背景亮温时,毫米波辐射探测的任务则是在"热"背景上检测"冷"目标;若目标与环境背景亮温相同,则无法从亮温差异上区分目标和背景。

毫米波辐射探测系统的作用距离与"波束平滑效应"有关。当接收波束的投影面积 A 大于目标面积 A_t 时,定义目标波束占空比(又称填充因子)为

$$\eta_{fill} = \frac{A_t}{A} = \frac{A_t}{R^2 \cdot \Omega_p} = \frac{A_t A_r}{R^2 \lambda^2} < 1 \qquad (4.41)$$

当目标面积 A_t 大于等于波束投影面积 A 时,目标波束占空比 $\eta_{fill} = 1$。

因此,波束指向目标区域的接收天线测量到的视在亮温可以表示为

$$T_{AP} = \eta_{fill} \cdot T_B + (1 - \eta_{fill}) \cdot T_{bkgd} = \eta_{fill} \cdot (T_B - T_{bkgd}) + T_{bkgd} \qquad (4.42)$$

此时,天线测量输出的目标与环境辐射的视在亮温差为

$$\Delta T_{AP} = T_{AP} - T_{bkgd} = \eta_{fill} \cdot (T_B - T_{bkgd}) = \eta_{fill} \cdot \Delta T_B \qquad (4.43)$$

当目标能占满整个接收波束时 $\eta_{fill} = 1$,天线测量输出的目标与环境辐射的视在亮温差 ΔT_{AP} 就等于目标亮温对比度 ΔT_B。而当目标较小时,目标波束占空比 $\eta_{fill} < 1$,ΔT_{AP} 显然小于 ΔT_B。

以图4.6为例,假设环境背景辐射亮温 $T_{bkgd} = 100K$,目标辐射亮温 $T_B = 300K$,目标亮温对比度 $\Delta T_B = 200K$。当目标宽度小于波束宽度,目标波束占空比 $\eta_{fill} = 0.6$ 时,接收天线对目标区域测量后输出的视在亮温 $T_{AP} = 0.6 \times 300 + 0.4 \times 100 = 220K$,与环境背景辐射的视在亮温差为 $\Delta T_{AP} = T_{AP} - T_{bkgd} = 120K$。换句话说,波束平滑导致观测到的目标与环境背景间的亮温对比度变小了,这就是所谓的"波束平滑效应",ΔT_{AP} 也常被直观地称为波束平滑亮温差。

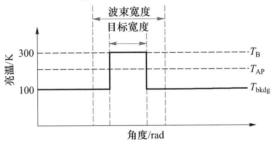

图 4.6　波束平滑效应(见彩图)

4.4.2　探测距离方程

4.4.2.1　采用温度描述的辐射探测距离方程

毫米波辐射无源探测系统通过测量天线输出的波束平滑亮温差 ΔT_{AP} 来检测目标。若希望系统能够实现可靠目标检测,则需要求

$$\Delta T_{AP} = \eta_{fill} \cdot \Delta T_B = \frac{A_t A_r}{R^2 \lambda^2} \cdot \Delta T_B \geqslant N_0 \cdot \Delta T_{sys} \qquad (4.44)$$

式(4.44)很好地描述了毫米波辐射探测的物理过程。式中 ΔT_{sys} 是毫米波辐射探测系统温度灵敏度(参考2.3.2节),与系统噪声温度、带宽、积累时间等系统参数有关。N_0 为检测信噪比(或识别因子),表示要使得目标能够被可靠的检测,目标与环境背景间的波束平滑亮温差必须大于等于系统温度灵敏度 N_0

倍,检测信噪比 N_0 的取值与系统要求的虚警概率和检测概率有关[16]。

将毫米波辐射无源探测系统的最大作用距离 R_{max} 定义为,波束平滑亮温差 ΔT_{AP} 等于系统温度灵敏度 ΔT_{sys} 的 N_0 倍时的系统作用距离,则根据式(4.44)可得毫米波辐射无源探测系统的距离方程为

$$R_{max}^2 = \frac{A_t A_r}{\lambda^2} \cdot \frac{\Delta T_B}{N_0 \Delta T_{sys}} \qquad (4.45)$$

由辐射探测距离方程可以看出,通过增加接收天线有效面积和提高系统工作频率可以提高探测作用距离;系统温度灵敏度越高,探测作用距离越远;在系统温度灵敏度和检测信噪比确定的情况下,对于具有更大亮温对比度和物理面积的目标,系统探测距离越远。因此,也有文献[10]用式(4.47)中 $A_t \Delta T_B$ 这一项来描述目标的毫米波辐射探测特征,并与雷达散射截面积(RCS)相类比,将其称为辐射计辐射截面积(RRCS)。

4.4.2.2　采用功率描述的辐射探测距离方程

上面给出了以亮温(单位为 K)描述目标特征时的辐射探测距离方程,该方程可以非常直观有效地分析评估系统作用距离。在进行系统设计和测试时,涉及天线、接收机和数字信号处理等专业的设计人员往往习惯采用功率(单位为 W 或 dBm)来描述系统灵敏度,因此有必要给出采用功率表达的辐射距离方程形式。

用 ΔP 来表示天线测量目标与环境辐射时输出的功率差,将 2.2.2 节中式(2.10)所给出的温度与功率之间的对应关系代入式(4.46),可得

$$\Delta P = \frac{A_t A_r}{R^2 \lambda^2} \cdot k \Delta T_B \Delta f \geq N_0 S_{min} \qquad (4.46)$$

式中:k 为玻耳兹曼常数;Δf 为接收机带宽;$S_{min} = k \Delta T_{sys} \Delta f$ 为系统功率灵敏度(单位为 W 或 dBm),表征接收系统最小可检测的信号功率,这一指标在电子系统设计和测量中得到应用广泛。

根据噪声温度与功率间的关系,可以给出辐射测量中广泛使用的系统温度灵敏度 ΔT_{sys} 与电子测量中广泛使用的系统功率灵敏度 S_{min} 之间的简便换算公式,为

$$S_{min}(dBm) = -139dB + 10\lg(\Delta f(MHz)) + 10\lg(\Delta T_{sys}(K)) \qquad (4.47)$$

假设某辐射探测系统带宽为 1GHz,若要求其系统温度灵敏度为 $\Delta T_{sys} = 1K$,则相应地,要求系统最小可检测信号的功率为 $S_{min} = -139 + 30 + 0 = -109(dBm)$。

相对于辐射测量中通过控制黑体定标源的物理温度来模拟特定亮温的目标对象,使用信号源、频谱仪和功率计等仪器可以方便和准确地实现指定功率信号的产生、接收和测量。在式(4.46)的基础上,可以给出采用功率描述系统灵敏度时毫米波辐射无源探测系统的距离方程为

$$R_{max}^2 = \frac{k\Delta T_B \Delta f}{N_0 S_{min}} \cdot \frac{A_t A_r}{\lambda^2} \qquad (4.48)$$

式(4.48)的意义在于,通过对系统功率灵敏度的测试或计算,可评估出系统的最大作用距离,或根据系统作用距离要求来分析计算系统功率灵敏度指标。

由天线理论可知,接收天线增益 G_r 和天线面积 A_r 之间的关系为 $G_r = 4\pi A_r / \lambda^2$,代入式(4.48)可以得到辐射探测距离方程的另外一种有用的表达形式为

$$R_{max}^2 = \frac{k\Delta T_B \Delta f}{N_0 S_{min}} A_t \frac{G_r}{4\pi} \qquad (4.49)$$

式(4.49)可用于在接收天线增益 G_r 已知的情况下评估系统作用距离,或根据系统作用距离要求来分析计算接收天线增益指标。

针对具体应用的毫米波辐射目标探测系统的设计与处理方法将在第5章和第6章中进行详细介绍。

4.4.2.3　毫米波无源成像

如本节开头所述,上述的距离方程主要适用于毫米波辐射目标探测应用场景,通常目标对象的尺寸小于观测场景背景,在某些条件下可近似为点目标。而对于毫米波辐射成像应用场景,例如对地面机场、水库、码头和建筑物等进行无源成像时,则要求获取整个观测场景的辐射亮温图像,如图4.7所示。虽然毫米波辐射成像中目标不能再近似为点源,但是图像中目标边缘和轮廓仍然会受波束平滑效应的影响,导致其轮廓模糊。因此要从图像中区分不同目标或局部的形状轮廓,首先要求毫米波辐射成像系统的空间分辨力足够高。在此基础上,需要系统温度灵敏度能够保证区分不同区域场景的亮温差异,这也是系统温度灵敏度又称为系统温度分辨力的原因。

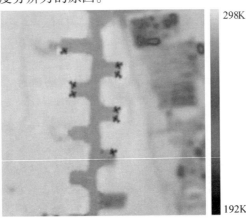

298K

192K

图 4.7　毫米波辐射成像结果[17]（见彩图）

在一定的毫米波辐射成像距离范围内,倘若系统空间分辨力可以满足区分场景内不同区域轮廓的要求,则系统温度分辨力 ΔT_{sys} 只需要满足以下式子即可保证系统成像效果

$$\Delta T_B \geqslant N_0 \cdot \Delta T_{sys} \qquad (4.50)$$

式中:ΔT_B 是场景中不同区域的亮温差异;N_0 是识别因子。

关于毫米波辐射成像处理的具体内容将在本书后续章节中详细介绍。

参考文献

[1] 刘亚旭. 大气毫米波辐射特性及应用研究[D]. 南京:南京理工大学,2010.

[2] 美国国家海洋和大气局,国家宇航局和美国空军部. 标准大气[M]. 任现森,钱志民,译. 北京:科学出版社,1982.

[3] Liebe H J. MPM – An Atmospheric Millimeter – Wave Propagation Model[J]. International Journal of Infrared and Millimeter Waves, 1989, 10(6):631 – 650.

[4] Liebe H J. An Atmospheric Millimeter Wave Propagation Model:NTIA Report[R]. 1984.

[5] Liebe H J. Atmospheric EHF Window Transparencies Near 35, 90, 140 and 220 GHz[J]. IEEE Trans. on Antennas and Propagation, 1983, 31(1):127 – 135.

[6] 刑业新,娄国伟,李兴国. 3mm 波段天空亮温计算与测量[J]. 微波学报,2010, 26(6):75 – 77.

[7] 桂良启,张祖荫,郭伟. 3mm 波段天空亮温的计算[J]. 华中科技大学学报(自然科学版),2005, 33(12):73 – 75.

[8] 龚冰,娄国伟,李兴国. 850μm 波段天空温度的计算模型[J]. 红外技术,2010, 32(1):33 – 37.

[9] 刑业新,娄国伟,李兴国,等. 毫米波被动探测空中隐身目标研究[J]. 南京理工大学学报,2011, 35(3):289 – 293.

[10] 李兴国,李跃华. 毫米波近感技术基础[M]. 北京:北京理工大学出版社,2009.

[11] 吴文. 毫米波辐射计及其应用[R]. 南京:南京理工大学,2012.

[12] 范昕. 装甲目标毫米波辐射探测信号建模与仿真[D]. 西安:西安电子科技大学,2009.

[13] 聂建英,李兴国,娄国伟. 毫米波辐射探测目标亮温的估计[J]. 微波学报,2003, 19(2):24 – 28.

[14] 刑业新,韩焱,李兴国. 360GHz 辐射计探测地面目标试验[J]. 强激光与粒子束,2013, 25(6):1582 – 1586.

[15] 张祖荫,林世杰. 微波辐射测量技术及应用[M]. 北京:电子工业出版社,1995.

[16] 丁鹭飞,耿富录. 雷达原理[M]. 西安:西安电子科技大学出版社,1995.

[17] Peichl M, Dill S, Jirousek M,et al. Microwave Radiometry – Imaging Technologies and Applications[C]. Chemnitz,Germany:Proceedings of WFMN07, 2007:75 – 83.

第5章

实孔径毫米波辐射探测技术

5.1 引 言

实孔径辐射计是一种基本的辐射探测系统体制,其空间响应仅取决于天线方向图。第2章中介绍的全功率辐射计和狄克辐射计均属于实孔径辐射计。实孔径毫米波辐射探测技术在微波遥感和末制导中应用广泛,已成为对地微波遥感卫星和毫米波末敏弹中的主要传感器。

本章将从毫米波辐射无源探测应用角度出发,对实孔径毫米波辐射探测技术相关原理、方法及其在目标探测和成像方面的应用进行介绍。其中,5.2节首先介绍实孔径毫米波辐射计工作原理;5.3节介绍实孔径辐射探测处理方法;5.4节介绍辐射计定标方法;5.5节给出实孔径毫米波辐射探测系统的设计实例。

5.2 实孔径辐射计

采用实孔径毫米波天线的辐射计统称为实孔径毫米波辐射计,其基本组成框图如图5.1所示。

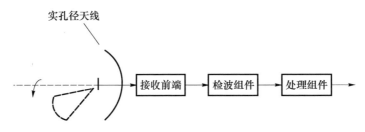

图 5.1 实孔径辐射计组成框图

其中接收前端完成检波前对感兴趣频段信号的放大、滤波及变频,输出中频信号或射频信号(前端无变频功能时)。检波组件对前端输出信号进行检波处理,输出信号称为视频信号。处理组件根据不同的应用场景可采用不同的处理方法,但较为基本的处理步骤主要包括:视频放大、信号采集、低通滤波、目标特征及参数提取等。实孔径辐射计有关基本概念在 2.3.4 小节中已有过介绍,本节中将主要结合毫米波辐射探测应用来探讨实孔径毫米波辐射计的接收处理体制、工作方式和系统参数。

5.2.1　接收处理体制

全功率辐射计和狄克辐射计是实孔径辐射计中具有代表意义的两种辐射计类型。全功率辐射计直接测量接收功率,结构简单但易受系统增益起伏的影响。狄克辐射计通过开关以一定频率接收机输出与参考源之间来回切换,通过比较测量减小了系统增益起伏对灵敏度的影响。

5.2.1.1　全功率辐射计

典型的全功率辐射计的系统框图如图 5.2 所示,主要由天线、检波前的射频放大器,平方律检波器,视频放大器和积分器等组件组成。

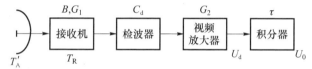

图 5.2　典型全功率辐射计系统框图

天线接收到的目标微波毫米波辐射信号经过射频放大、平方律检波和视频放大后变为低频电压信号 U_d,输出中除了目标信号外还包括接收机的内部热噪声,视频放大器输出 U_d 可以表示为

$$U_d = C_d G k (T'_A + T_R) B \tag{5.1}$$

式中:C_d 为平方律检波器功率灵敏度常数,单位为 V/W;G 为系统总增益,为检波前增益 G_1 与检波后增益 G_2 之和;k 为玻耳兹曼常数,取值为 1.38×10^{-23} J · K^{-1};B 为检波前的系统接收带宽,单位为 Hz;T'_A 为天线输出端的噪声温度,单位为 K;T_R 为接收机等效噪声,单位为 K。

由于平方律检波器输出电压与输入信号功率成正比,因此也正比于辐射计的系统噪声温度 $T_{sys} = T'_A + T_R$。

关于检波前的接收机,除了采用射频直接放大接收方式外也可采用超外差变频接收体制,将放大接收的射频信号下变频至中频后进行检波处理。因此从采用的接收机体制来看,辐射计也可分为超外差式和直接检波式两大类。早期由于高频段器件水平限制导致直接检波式接收机性能较差,毫米波辐射计一般采用超外差式接收机。随着微波毫米波 MMIC 技术日趋成熟,采用了低噪声放大器的直接检波式辐射计已经投入实用。由于直接检波式辐射计带宽大,在相同的系统噪声系数和积分时间条件下具有更高的温度灵敏度,同时省去混频模块,使得系统结构更简便,因此在多通道阵列和弹载平台等小体积高集成度应用中具有很大优势。目前基于两种接收机体制的辐射计由于各自的特点均得到广泛应用。

在全功率辐射计中检波输出电压由直流分量、噪声分量和增益起伏分量所组成,积分器通过对 U_d 的积分(也可看作低通滤波)来降低噪声起伏。

由式(2.31)可知,噪声波动对应的系统噪声温度测量误差为

$$\Delta T_n = \frac{T'_A + T_R}{\sqrt{B\tau}} \tag{5.2}$$

式中:τ 是积分时间。正如2.3.2节中已给出过的结论,辐射计系统灵敏度会受系统噪声温度、接收带宽以及积分时间的影响。

系统增益起伏 ΔG 引起的系统噪声温度测量误差为

$$\Delta T_g = (T'_A + T_R)\frac{\Delta G}{G} \tag{5.3}$$

噪声波动和增益起伏对应的误差可以认为是统计独立的,因此全功率辐射计的温度灵敏度可以表示为

$$\Delta T_{sys} = \sqrt{\Delta T_n^2 + \Delta T_g^2} = (T'_A + T_R)\sqrt{\frac{1}{B\tau} + \left(\frac{\Delta G}{G}\right)^2} \tag{5.4}$$

如果全功率辐射计的增益绝对稳定,则全功率辐射计具有最高的灵敏度。但实际上,由于全功率辐射计在高增益的情况下不易保证增益的稳定性,全功率辐射计不能达到理论上的灵敏度。

例如,某辐射计系统接收机增益起伏为 $\Delta G/G = 1\%$,时间积累增益 $\sqrt{B\tau} = 40\text{dB}$,此时可计算出这一全功率辐射计系统与理想系统灵敏度之比为

$$\frac{(T'_A + T_R)\sqrt{\frac{1}{B\tau} + \left(\frac{\Delta G}{G}\right)^2}}{(T'_A + T_R)\sqrt{\frac{1}{B\tau}}} \approx 100 \tag{5.5}$$

显然,由于增益起伏导致这一全功率辐射计与理想系统相比,系统灵敏度将下降至百分之一。

从以上分析可以知道,除了系统噪声温度、接收带宽以及积分时间这些因素外,提高系统增益稳定性对于全功率辐射计来说至关重要。

5.2.1.2 狄克辐射计

狄克辐射计可改善长时间条件下系统增益起伏对辐射计温度灵敏度的影响。它与全功率辐射计的不同之处在于,在接收机的输入端加入了狄克开关和

参考负载,用于调制接收机的输入信号;位于平方律检波器和积分器之间有一个同步解调器,检波器与同步解调器有时也合称为同步检波器。狄克辐射计框图如图 5.3 所示。

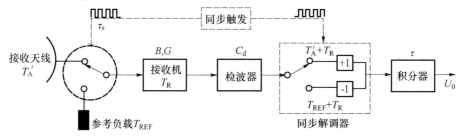

图 5.3 狄克辐射计系统框图

由于辐射计接收的是噪声信号,接收机内部噪声及增益波动也是随机的,因此接收机输出电压是一个随机信号。考虑到接收机增益波动起伏变化比较缓慢,在尽可能接近天线处的输入端加一个狄克开关,以一定的周期 τ_s 在天线和温度已知的参考负载之间切换,如果开关切换速率保证在一个转换周期内增益的变化可以忽略的话,则同步检波器就可以使得检测到的信号不受增益波动的影响。

由于开关作用,到检波以前部分的输入功率是由交替半周中出现的两个分量组成,一个分量是从天线来的信号功率,另一个分量是从参考负载来的噪声功率。在平方律检波后,天线和比较负载对应的直流分量分别为

$$
\begin{cases}
U_{\mathrm{d\_A}} = C_{\mathrm{d}} G k B (T'_{\mathrm{A}} + T_{\mathrm{R}}) & 0 \leqslant t < \dfrac{\tau_{\mathrm{s}}}{2} \\[2mm]
U_{\mathrm{d\_REF}} = C_{\mathrm{d}} G k B (T_{\mathrm{REF}} + T_{\mathrm{R}}) & \dfrac{\tau_{\mathrm{s}}}{2} \leqslant t < \tau_{\mathrm{s}}
\end{cases}
\tag{5.6}
$$

式中:C_{d} 为平方律检波器功率灵敏度常数,单位为 V/W;G 为系统总增益,为检波前增益 G_1 与检波后增益 G_2 之和;k 为玻耳兹曼常数,取值为 1.38×10^{-23} J·K^{-1};B 为检波前的系统接收带宽,单位为 Hz;T'_{A} 为天线输出端的噪声温度,单位为 K;T_{R} 为接收机等效噪声,单位为 K;T_{REF} 为参考负载的噪声温度,单位为 K;τ_{s} 为狄克开关切换周期。

经视频放大和同步解调后,产生一个正比于参考负载与天线噪声温度之差的输出电压

$$
U_0 = C_{\mathrm{d}} G k (T'_{\mathrm{A}} - T_{\mathrm{REF}}) B
\tag{5.7}
$$

由天线输入噪声与参考负载噪声对应的系统噪声温度测量误差分别为

$$
\Delta T_{\mathrm{n\_A}} = \frac{T'_{\mathrm{A}} + T_{\mathrm{R}}}{\sqrt{B\tau/2}}
\tag{5.8}
$$

$$\Delta T_{n\_REF} = \frac{T_{REF} + T_R}{\sqrt{B\tau/2}} \tag{5.9}$$

式中:$\tau/2$ 为积分时间,代表接收机在一半的时间连接天线输入,另外一半时间切换至参考负载输入。

增益起伏 ΔG 对应的系统噪声温度测量误差为

$$\Delta T_g = (T'_A - T_{REF})\frac{\Delta G}{G} \tag{5.10}$$

噪声波动和增益起伏对应的误差可以认为是统计独立的,因此狄克辐射计的温度灵敏度可以表示为

$$\Delta T_{sys} = \sqrt{\frac{2(T'_A + T_R)^2 + 2(T_{REF} + T_R)^2}{B\tau} + (T'_A - T_{REF}B)^2 \left(\frac{\Delta G}{G}\right)^2} \tag{5.11}$$

显然,如果参考负载噪声温度 T_{REF} 越接近天线噪声温度 T'_A,增益变化对系统温度灵敏度的影响将相应减小。

全功率辐射计与狄克辐射计系统性能对比如表 5.1 所列。

表 5.1 辐射计性能对比

	全功率辐射计	狄克辐射计
噪声起误差	$\dfrac{T'_A + T_R}{\sqrt{B\tau}}$	$\sqrt{\dfrac{2(T'_A + T_R)^2 + 2(T_{REF} + T_R)^2}{B\tau}}$
增益起误差	$(T'_A + T_R)\dfrac{\Delta G}{G}$	$(T'_A - T_{REF})\dfrac{\Delta G}{G}$
灵敏度	$(T'_A + T_R)\sqrt{\dfrac{1}{B\tau} + \left(\dfrac{\Delta G}{G}\right)^2}$	$\sqrt{\dfrac{2(T'_A + T_R)^2 + 2(T_{REF} + T_R)^2}{B\tau} + (T'_A - T_{REF})^2 \left(\dfrac{\Delta G}{G}\right)^2}$

理想情况下若参考负载的噪声温度 T_{REF} 与天线噪声温度 T'_A 相等,$T_{REF} = T'_A$,此时辐射计输出电压的直流分量为零,只有观测场景中目标引起的温度变化才能产生非零的输出电压波动。参考负载噪声温度与天线噪声温度相等的辐射计被称为平衡型狄克辐射计。将 $T_{REF} \approx T'_A$ 代入式(5.11)中,可得平衡型狄克辐射计的系统灵敏度为

$$\Delta T_{sys} \approx 2\frac{T'_A + T_R}{\sqrt{B\tau}} \tag{5.12}$$

由于狄克开关切换导致积分时间变短,平衡型狄克辐射计灵敏度与理想全功率辐射计灵敏度相比降低至 1/2。

平衡型狄克辐射计系统设计的一个关键技术是如何在长时间工作过程中保持参考负载与天线具有相同的噪声温度,称为"平衡技术"。由于平衡型狄克辐

射计输出直流分量的电压为零,因此可以将输出电压作为反馈回路来保持辐射计参考负载支路和天线输入支路间的"平衡"。基本的技术途径主要包括自动调整参考负载的噪声温度、自动调整天线输入支路的噪声温度以及自动调整接收通道增益等几种。

噪声注入式辐射计[1](NIR)是一种典型的平衡型狄克辐射计,其工作原理框图如图 5.4 所示,主要由接收天线、狄克辐射计和可调噪声源组成。

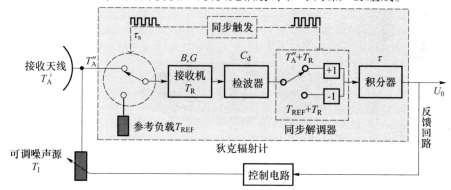

图 5.4　噪声注入式辐射计系统框图

狄克辐射计的天线输入支路噪声温度 T_A'' 为接收天线输出噪声温度 T_A' 与噪声源噪声温度 T_1 之和。若通过反馈回路中的控制电路对噪声源的噪声温度进行自动调节以保持输出直流分量电压为零,即可保证 $T_A' + T_1 = T_{REF}$,从而实现长时间工作过程中参考支路与天线支路间的"平衡"。

根据前面的讨论可以看出,狄克辐射计和全功率辐射计各有其优势和劣势。全功率型辐射计结构简单,其灵敏度很大程度上取决于前端放大器的增益稳定度和系统噪声系数。而狄克辐射计前端增加了开关、参考负载和反馈控制回路,有效地降低了增益波动的影响,但是前端器件的引入增加了系统结构的复杂度。实际应用中应该根据具体需求选择适当的接收处理体制。在末制导等积分时间较短(如数十毫秒量级)的应用中,增益起伏对系统温度灵敏度影响可以忽略,全功率辐射计可以发挥其低成本、小体积的优势。在对地遥感观测等积分时间较长、环境温度变换较大、测量精度要求较高的应用场合中,则应该优先考虑采用狄克辐射计。

5.2.2　天线扫描方式

实孔径毫米波辐射计通常通过天线扫描的方式实现对指定区域范围的覆盖,如灵巧弹药领域通常采用圆锥式扫描方式,而飞机、卫星等运动平台则通常采用钟摆式扫描方式。

圆锥式扫描方式工作示意图如图5.5所示,实孔径辐射计可以通过灵巧弹药平台自转实现圆锥式扫描,也可借助扫描机构实现圆锥式扫描。

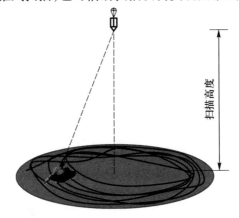

图5.5　圆锥式扫描工作示意图(见彩图)

钟摆式扫描方式工作示意图如图5.6所示。

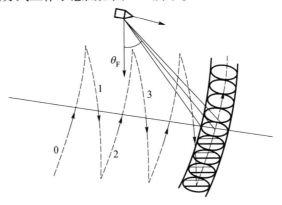

图5.6　钟摆式扫描

搭载于飞机或卫星的实孔径辐射计在水平方向向前运动,天线对地面做钟摆状来回扫描运动,完成对地面场景的二维扫描。

除了单波束扫描方式的实孔径辐射计外,还有一大类实孔径辐射计为焦平面辐射计[2,3],利用焦平面技术同时形成多个波束实现对观测空域的覆盖和扫描。焦平面辐射计与单波束实孔径辐射计的工作原理和方法基本相同,主要区别在于焦平面天线和馈源阵列的设计与实现,本书中不再详述。

实孔径毫米波辐射计天线扫描方式与系统参数及应用需求密切相关,在实际应用中往往需要根据视场范围、空间分辨力和温度灵敏度等具体参数进行设计,下面将对这些参数间的关系进行探讨。

5.2.3　测量不确定性

一般来说,实孔径辐射计系统的温度灵敏度与扫描速率之间需要进行权衡。辐射计天线扫描速率越快意味着天线波束在每个位置上驻留时间越短,而系统温度灵敏度越高意味着积分时间的增加。积分时间比驻留时间长会导致该次测量结果覆盖更大的空间范围,从而降低系统的空间分辨力;另一方面,如果积分时间比驻留时间短,会导致系统的温度灵敏度不能达到最好的效果,这就是实孔径辐射计系统的测量不确定性关系[4]。

考虑实孔径辐射计天线波束在方位、俯仰二维扫描的情况,其扫描方式如图 5.7所示,天线波束首先进行俯仰向扫描,扫描视场角度范围为 θ_{FOV},角扫描速度为 ω_θ,完成一次俯仰视场扫描后调整一次天线波束方位指向,对应的方位向的角扫描速度为 ω_ϕ。

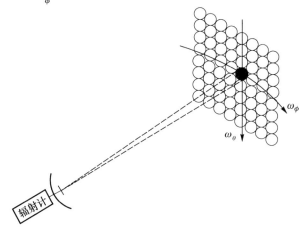

图 5.7　方位俯仰二维扫描方式

假设天线波束具有对称性,即方位向和俯仰向的波束宽度 ϕ_{BW}、θ_{BW} 满足

$$\phi_{\mathrm{BW}} = \theta_{\mathrm{BW}} \tag{5.13}$$

则波束扫描时间 T_{S} 和驻留时间 T_{D} 分别为

$$T_{\mathrm{S}} = \frac{\theta_{\mathrm{FOV}}}{\omega_\theta} \tag{5.14}$$

$$T_{\mathrm{D}} = \frac{\theta_{\mathrm{BW}}}{\omega_\theta} = \frac{T_{\mathrm{S}}\theta_{\mathrm{BW}}}{\theta_{\mathrm{FOV}}} \tag{5.15}$$

假设探测系统与场景间距离为 R,系统分辨单元尺寸 $\Delta x = R\theta_{\mathrm{BW}} = R\phi_{\mathrm{BW}}$,则波束扫描时间和驻留时间又可以分别表示为

$$T_{\mathrm{S}} = \frac{\Delta x}{R\omega_\phi} \tag{5.16}$$

$$T_D = \frac{\Delta x \theta_{BW}}{R \omega_\phi \theta_{FOV}} \tag{5.17}$$

根据式(2.31),可将辐射计系统温度灵敏度 ΔT_{sys} 的表达式写为

$$\Delta T_{sys} = \frac{C T_{sys}}{\sqrt{B \cdot \tau}} \tag{5.18}$$

式中:C 为与系统有关的常数;T_{sys} 为辐射计等效输入系统噪声温度;B 为接收机带宽;τ 为积分时间。

当辐射计系统积分时间等于驻留时间时,有 $\tau = T_D$,将式(5.17)代入式(5.18)并进行等式变换,可得到下式:

$$\Delta T_{sys} \Delta x = C T_{sys} \sqrt{\frac{R^2 \omega_\phi \theta_{FOV}}{B}} \tag{5.19}$$

此等式左侧是系统温度分辨力(灵敏度)与空间分辨力等乘积,等式右侧部分是一个常数,说明系统温度的不确定性和空间的不确定性的乘积是一个常数,因此称为实孔径辐射计系统的测量不确定性关系。

显然,在系统规模和参数确定的情况下,如果想改善系统的温度分辨力与空间分辨力中一个参数的性能,就会使另一个参数的不确定性恶化,需要根据应用要求在二者之间进行折中或权衡。另外,在明确系统温度分辨力(灵敏度)与空间分辨力性能指标要求的情况下,可以根据测量不确定性关系进行扫描视场、扫描速率等系统参数设计和探测距离的评估计算。

▌5.3　探测处理方法

实孔径毫米波辐射探测处理方法与应用需求密切相关,以探测应用和输出信息形式来看,主要可以分为目标探测和无源成像两类。实孔径毫米波辐射目标探测应用中,如末端敏感弹药,需要根据辐射计输出的一维时域波形完成目标检测和角度参数估计;而毫米波无源成像中输出的是二维图像数据,例如毫米波被动成像安检应用中,需要运用图像降噪、滤波以及目标轮廓检测等图像处理方法。

5.3.1　毫米波辐射目标探测处理

实孔径毫米波辐射目标探测信号的典型处理过程如图 5.8 所示,一般包括信号采集、预处理、目标检测与参数估计等[5]基本步骤。

5.3.1.1　信号采集与预处理

首先需对实孔径辐射计输出的模拟电压信号进行 A/D 采样。空对地探测

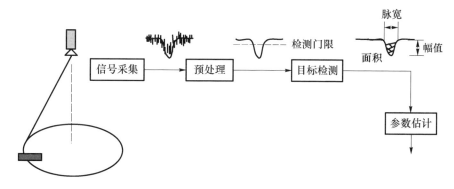

图 5.8　目标探测信号处理过程(见彩图)

应用场景中,金属车辆等目标对应的输出信号频率分量通常低于 100Hz。A/D 的采样率应考虑系统应用的实时性要求,不宜设置过高,一般为千赫量级。A/D 的量化位数越高则量化误差越小,但考虑到气温变化、噪声起伏等因素的影响,过高的量化位数在工程中没有实际意义,常用的 16 位 A/D 即可满足要求。

采样输出的数据中包含信号、噪声及干扰等分量,为了能够从数据中实现目标检测,需对数据做预处理以抑制噪声、杂波及干扰,提高目标检测信噪比。预处理一般包括野值剔除和平滑滤波处理。

预处理中的野值剔除处理需检测数据中由杂波及干扰导致的数值过大或过小的采样点(又称为野点),同时在相应位置插入合适的数值,以确保探测数据的有效性。一种简单的野值剔除方法是以采样点数值的最大变化率作为阈值,凡与前一采样点数据差值的绝对值超过指定阈值均作为无效信号予以剔除。

预处理中的平滑滤波处理通过抑制或消除数据中的高频成分来达到减低噪声扰动的目的。数据中的噪声扰动以及振荡对应其高频成分,采用数字滤波的方式实现平滑滤波处理,具有可靠性高、稳定性好、灵活方便等特点,可以较好地满足消除噪声、提高目标检测性能和参数估计的精度的要求。

为保证预处理的实时性要求,可采用五点移动平均算法对信号进行平滑,其数学表达式为

$$y(n) = \frac{1}{5}\big[x(n-2) + x(n-1) + x(n) + x(n+1) + x(n+2) \big] \quad (5.20)$$

式中:$x(n)$ 为 n 时刻的采样数据;$y(n)$ 为平滑后的输出数据。平滑处理前、后的数据分别如图 5.9 和图 5.10 所示,可以看出,使用五点移动平均平滑算法本质上是通过对信号的加窗处理实现低通滤波。

5.3.1.2　目标检测与参数估计

当辐射计扫描过目标区域时,其输出信号波形与探测角度、目标尺寸以及扫

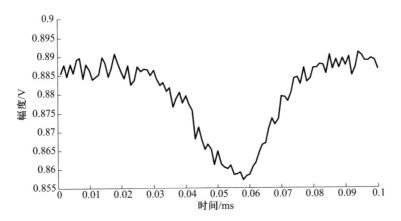

图 5.9 平滑前的采样数据

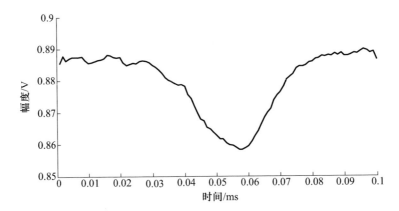

图 5.10 五点平滑滤波后的数据

描速率等有关,主要反映在输出信号波形的极值、脉宽、能量(面积)等方面,可以根据具体情况选择合适的信号参数作为特征量来检测目标,也可将波形极值、脉宽和能量等参数作为目标综合特征,用于目标检测和判别。

目标数据经过野值剔除和平滑滤波等预处理后进行极值检测和脉宽、能量(面积)计算,具体实现方法可通过对平滑滤波后波形的求导和积分等运算来实现。除以上时域特征外,也有研究将波形的频域或时频分布作为目标检测和判别特征,相关原理此处不再赘述,感兴趣的读者可以参考相关文献[6]。

完成目标检测后,实孔径辐射计通常采用搜索法[7]进行目标角度估计,其原理如图 5.11 所示,根据目标对应数据峰值中两次测量结果的均值实现角度估计:

$$\hat{\theta} = \frac{\theta_1 + \Delta\theta_1 + \theta_2 + \Delta\theta_2}{2} \tag{5.21}$$

式中:$\theta_1 + \Delta\theta_1$ 和 $\theta_2 + \Delta\theta_2$ 分别为两次角度测量结果,$\Delta\theta_1$、$\Delta\theta_2$ 为对应的角度测量随机误差。由于两次测量的时间不同,可以认为 $\Delta\theta_1$、$\Delta\theta_2$ 是独立同分布的,因此角度测量均值是无偏的。

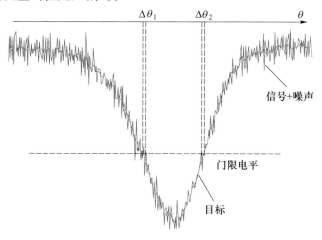

图 5.11　目标检测及测角原理示意图(见彩图)

目标角度测量中的误差除了随机误差外还存在系统误差,系统误差主要来自于安装误差、波束畸变和非对称误差等,可以通过系统标校进行校正。

因此,可以认为系统测角误差主要取决于信噪比,系统测角精度表达式为

$$\sigma_\theta = \frac{\Delta\theta_{3dB}}{\sqrt{2SNR}} \tag{5.22}$$

式中:$\Delta\theta_{3dB}$ 为辐射计天线的半功率波束宽度;SNR 为辐射计输出信噪比。

5.3.2　毫米波辐射图像处理

毫米波辐射成像系统可以获得观测场景的辐射亮温分布图像,相比于仅依靠信号波形的目标检测方式,毫米波辐射图像不仅包含了的目标和场景的亮温信息,同时可直观地反映出目标尺寸和形状等信息,有利于提高目标检测性能,降低虚警概率,是目前辐射探测领域的研究热点[8,9]。

如图 5.12 所示,毫米波辐射图像处理与红外和光学图像处理有许多共通之处,因此图像处理领域的大量方法可以应用于毫米波辐射图像处理。考虑毫米波辐射无源探测应用,基于毫米波辐射图像的目标检测[10]的典型处理过程如下。

(1)背景估计:根据原始图像数据估计出除目标以外的背景图像数据,然后将原始图像与背景图像相减得到剩余图像,便于后续对目标的检测。如果背景图像估计得很准确,背景以及干扰源将得到很大程度的抑制,那么目标在剩余图像里就特别突出。

 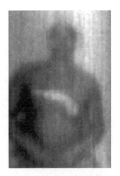 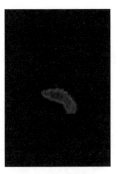

(a) 光学图像　　　　(b) 毫米波辐射图像　　　(c) 目标检测结果

图 5.12　毫米波辐射图像处理[2]

（2）目标检测：由于剩余图像中目标灰度值比残余背景要大很多，因此可以通过选取适当的阈值剔除掉残余背景，留下目标以及可能存在的干扰，然后将图像二值化，得到分离的目标（包括真实目标和虚假目标）。

（3）目标判别：为了剔除虚假目标，先利用形态学方法对各待判别目标进行去毛刺和空洞等处理，然后利用有关目标的面积和形状等先验信息筛选出待检的目标。

除毫米波辐射图像目标检测问题外，毫米波辐射图像超分辨处理也是毫米波辐射图像处理中关注的问题。毫米波辐射原始图像数据可以建模为目标亮温分布图像与成像系统点扩展函数的二维卷积输出，再加上图像域噪声，其中点扩展函数的主瓣宽度取决于系统的天线孔径大小，即代表了系统的空间分辨力。毫米波辐射图像超分辨处理的目标是利用处理算法去估计目标亮温分布图像，以尽可能地实现更高分辨力的图像重建。

毫米波辐射图像超分辨处理方法可以分为点扩展函数空不变和空变两种模型[11]。对于点扩展函数空不变的成像模型，超分辨处理算法多采用了维纳滤波的方法，进行了毫米波辐射成像超分辨处理。这类线性方法计算速度快，简单易实现，但是其对分辨力的改善程度非常有限。而对于非线性算法的研究，往往都是需要利用噪声、场景的先验信息加入算法模型中进行计算，但其运算量较大，而且对这些先验信息非常敏感。

🔲 5.4　辐射计定标

5.4.1　定标方程与定标源

辐射探测中通常希望系统输出结果可以准确地表示被探测场景或目标的亮

温,这就需要建立起辐射计输出量与天线温度之间的一一对应关系,这一过程通常称为辐射计定标。

辐射计定标需要辐射亮温精确可知的定标噪声源。噪声源从来源来看可以分为两大类,第一类为人造噪声源,包括电阻、固态二极管等无源有源电路和黑体定标源等;第二类为自然噪声源,即自然界中存在的天然辐射体,如宇宙背景、月亮、太阳及行星等,具有长期稳定的能量辐射。最简单的噪声源就是电阻,在电阻阻值及其物理温度已知的情况下,其输出噪声功率是确定的,5.2 节中已介绍过这一类噪声源在狄克辐射计中的应用。

1973 年美国学者哈迪首先提出了一种利用黑体辐射噪声源的辐射计整机定标方法[12,13],其基本原理如图 5.13 所示。

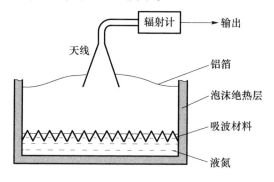

图 5.13　定标源与整机定标示意图

将浸没于液氮中的黑体(发射率 $\varepsilon \approx 1$ 的吸波材料)置于含聚苯乙烯泡沫绝热层的金属箱中,并在箱体顶部采用铝箔进行屏蔽。定标时将辐射计天线朝向吸波材料进行测量。如果辐射计接收机的线性度较好,即辐射计输出电压值与天线温度值之间能够保持线性关系,辐射计定标方程曲线如图 5.14 所示,根据两点决定一条直线的原则就可以采用所谓"两点定标法"。

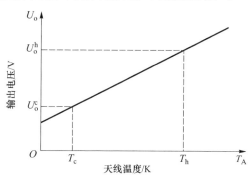

图 5.14　辐射计定标方程曲线

如果辐射计是线性的,则定标方程为

$$U_o = a(T_A + b) \tag{5.23}$$

式中:U_o 表示辐射计输出的电压读数,单位为 V;T_A 表示需要利用定标方程求解的辐射计天线温度,单位为 K。

采用"两点定标法"的整机定标方案就是利用辐射计系统对亮温已知的冷、热定标源测量数据求解参数 a,b 的过程。

液氮浸泡中黑体的物理温度一般就是实验当时的液氮沸点,计算公式为

$$T_c = 77.36 + 0.011(P - 760) \tag{5.24}$$

式中:P 为大气压强,单位毫米汞柱①。这种条件下可认为辐射计天线温度 $T_A = T_c$,对应辐射计输出电压读数为 U_o^c。

当黑体处于室温 T_h 时,可近似认为此时的辐射计天线温度 $T_A = T_h$,对应辐射计输出电压读数为 U_o^h。

利用辐射计对定标方程在 (U_o^h, T_h) 和 (U_o^c, T_c) 两点上的测量数据,即可求解得到参数 a,b 如下:

$$\begin{cases} a = \dfrac{U_o^h - U_o^c}{T_h - T_c} \\ b = \dfrac{U_o^c T_h - U_o^h T_c}{U_o^h - U_o^c} \end{cases} \tag{5.25}$$

上面给出了利用"两点定标法"的辐射计整机定标方案,在实现上还可以采用分步定标方案,即将辐射计分为接收机和天线进行分别定标。分步定标方案存在操作复杂、精度有限的问题。相比之下,整机定标方案没有中间环节,具有较高的定标精度,在实际中得到了广泛的应用。

除两点定标法外,辐射计定标还可采用增量基准定标[14]、倾斜曲线定标[15]等多种方法。增量基准定标法需要将开关状态可控的噪声源信号通过定向耦合器注入待定标辐射计的接收机。要求噪声源打开和关闭状态下的噪声温度差值 ΔT_N 精确已知,对应辐射计测量的输出电压差值 ΔU_o^N,称为所谓"增量标尺"。另有一标准参考负载作为"基准标尺",对应辐射计测量的输出电压值 U_o^{REF},其噪声温度 T_{REF} 也是精确已知的。通过对两者的结合测量即可给出辐射计的定标方程,表达式为

$$T_A = \frac{\Delta T_N}{\Delta U_o^N}(U_o - U_o^{REF}) + T_{REF} \tag{5.26}$$

式中:U_o 表示辐射计输出的电压读数;T_A 表示需要利用定标方程求解的辐射计

———————————

① 1 毫米汞柱 = 133.32Pa。

天线温度。

更多有关辐射计定标源及定标方法的详细内容请参考相关技术文献[16,17]，本书不再赘述。

5.4.2　辐射计系统测试

前面介绍了辐射计定标的基本原理和方法，实际辐射计系统测试中除了需要测量计算定标方程外，还需要测量许多与辐射计系统能力有关的指标参数，包括线性度、温度灵敏度和积分时间等，下面给出这些指标参数的测试方法。

5.4.2.1　线性度

辐射计定标前需要首先测量系统线性度来为定标方案的选择做好准备。线性度表征了辐射计动态范围内的输出电压值与天线温度之间满足线性关系的程度，可用输出与输入之间线性相关系数 ρ 来表示。辐射计线性度主要与接收机有关，一般采用向辐射计接收机输入连续可变的噪声温度（功率）的方法来检验。

在辐射计接收机动态范围内设置 N 个噪声温度值作为测试点，输入噪声温度应尽可能包含动态范围的上下限或其邻近值。记辐射计在第 $n(n=1,2,\cdots,N)$ 个测试点中的输入噪声温度与相应输出电压为 $T_{A,n}$、$U_{o,n}$，则输入输出的线性相关系数 ρ 的计算式为

$$\rho = \frac{\sum\limits_{n=1}^{N}(U_{o,n}-\overline{U}_o)(T_{A,n}--\overline{T}_A)}{\sum\limits_{n=1}^{N}(U_{o,n}-\overline{U}_o)^2 \sum\limits_{n=1}^{N}(T_{A,n}-\overline{T}_A)^2} \tag{5.27}$$

式中：$\overline{T}_A$ 和 $\overline{U}_o$ 分别表示输入噪声温度 $T_{A,n}$ 的均值和输出电压 $U_{o,n}$ 的均值，一般要求接收机线性相关系数 ρ 达到 90% 以上。

为提高测量精度，每个温度测试点的数据 $T_{A,n}$、$U_{o,n}$ 应采用多次测量数据样本的统计均值，即 $T_{A,n} = \frac{1}{K}\sum\limits_{k=1}^{K}T_{A,n}(k)$，$U_{o,n} = \frac{1}{K}\sum\limits_{k=1}^{K}U_{o,n}(k)$，其中 $T_{A,n}(k)$、$U_{o,n}(k)$ 为 $T_{A,n}$、$U_{o,n}$ 的第 k 个 $(k=1,2,3,4,\cdots,K)$ 个测量样本数据。

5.4.2.2　定标方程

在完成辐射计线性度测量后即可选择适当的定标方法进行定标方程测量。如果辐射计是线性的，利用上一节给出的定标方法可得出形如式（5.23）或式（5.26）的定标方程。若辐射计为非线性的，则应测量一系列变化的负载物理温度与辐射计输出电压值，通过插值的方法获得系统定标方程曲线。

针对具体应用的辐射计定标方程的测量方案与平台和环境密切相关。对于应用于地面、弹载、机载星载等不同平台的辐射计,定标方案和相应技术要求各不相同。

地面固定式或移动式辐射计的定标方案是其他平台辐射计定标的基础,地面定标具有工作环境比较稳定、定标工作条件较好、不需要频繁定标等优势,常采用液氮冷却下的定标负载作为低温源,环境温度下的定标负载作为高温源。

对于弹载辐射计,由于应用中系统工作时间较短,且更为关注目标与背景辐射亮温的相对差异,而非目标的绝对亮度温度。因此,弹载辐射计可以不进行绝对定标,但是仍然需要进行系统温度灵敏度的测量。

机载或星载辐射计通常需要解决长期自主工作情况下的定标问题。以星载辐射计为例,其定标方案通常分为三个步骤:第一步是地面定标,第二步星上定标,第三步绝对定标和类比定标。发射前的地面定标就是基于辐射计地面测试数据进行标定,以保证辐射计能够在空间中长期稳定地工作。星上定标是指星载辐射计发射后在轨运行期间的定标,星上定标往往采用"周期两点定标"的方式,即辐射计周期性地接收"冷"、"热"两个定标源的输入信号进行定标。冷定标源通常采用"冷空"(即宇宙背景辐射),热定标源采用恒温加热微波吸收体。星上定标时,要注意分析定标负载的材料与结构、冷空辐射亮温数据的测量或计算、辐射计天线性能等因素对定标测量精度的影响。为进一步提高定标测量的精确度与可靠度,星载辐射计在完成地面和星上基本定标之后,往往还要利用"绝对定标"和"类比定标"方法来对测量数据进行进一步定标。"绝对定标"是指在工作状态下利用真实目标对包括天线在内的辐射计系统进行端到端的整体定标。通常可采用两种方法进行绝对定标:一是利用频率、极化、入射角与星载辐射计相同且与卫星同步飞行的机载辐射计,将其测量值作为比照数据;二是利用数学模型已知的地面场景(如沙漠地区)的理论计算结果作为比照数据。"类比定标"是指以其他辐射计的测量值作为比照数据的定标。

5.4.2.3 温度灵敏度

对于线性度良好的辐射计,利用两点定标法测量其定标方程后即可进行辐射计温度灵敏度的测量。辐射计温度灵敏度可定义为辐射计输出亮温值的波动(标准差),其具体测量方案可以根据测试环境和条件灵活设计。一种基本的方法是将辐射计输出电压 $U_{o,n}(k)$ 代入式(5.23)或式(5.26)中的定标方程,利用求解得到亮温值 $\hat{T}_{A,n}(k)$ 来统计温度灵敏度,即

$$\Delta T_{\text{sys},n} = \frac{1}{K-1} \sum_{k=1}^{K} (\hat{T}_{A,n}(k) - \hat{T}_{A,n})^2 \tag{5.28}$$

式中：$\hat{T}_{A,n} = \dfrac{1}{K}\sum\limits_{k=1}^{K}\hat{T}_{A,n}(k)$；$\Delta T_{\mathrm{sys},n}$ 表示天线温度为 $\hat{T}_{A,n}$ 条件下的系统温度灵敏度。对于线性度良好的辐射计，不同天线温度条件下的系统温度灵敏度测量结果应该是基本一致的。

对于线性度不理想的辐射计，可利用类似线性度测量的方法进行辐射计系统温度灵敏度测试。利用亮温精确可控的定标源作为测试输入，设置待测辐射计在第 $n(n=1,2,\cdots,N)$ 个测试点的输入噪声温度为 $T_{A,n}$，统计辐射计输出电压标准差为

$$\sigma_{o,n} = \sqrt{\frac{1}{K-1}\sum_{k=1}^{K}\left(U_{o,n}(k) - U_{o,n}\right)^2} \tag{5.29}$$

式中：$U_{o,n}(k)$ 表示辐射计输出电压的第 $k(k=1,2,3,4,\cdots,K)$ 个测量样本数据；$U_{o,n}$ 表示对应均值。

调整辐射计输入噪声温度 $T_{A,n}$ 至 $T_{A,n+1}$ 可使辐射计输出 $U_{o,n}$ 变为 $U_{o,n+1}$，由此可得辐射计在第 $n(n=1,2,\cdots,N)$ 个测试点的温度灵敏度为

$$\Delta T_{\mathrm{sys},n} = \sigma_{o,n}\frac{T_{A,n+1} - T_{A,n}}{U_{o,n+1} - U_{o,n}} \tag{5.30}$$

取 $\Delta T_{\mathrm{sys},n}$ 中的最大值作为辐射计的温度灵敏度。

5.4.2.4　积分时间

由于积分时间与辐射计温度灵敏度密切相关，在已知系统噪声温度、接收带宽的情况下可以根据积分时间对系统温度灵敏进行估算。因此，辐射计系统积分时间的测量对于辐射计系统设计调试和性能评估具有现实意义。

积分时间测量原理如图 5.15 所示。

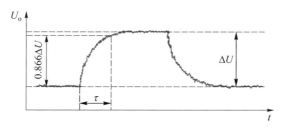

图 5.15　积分时间测量原理

向辐射计注入幅度足够大的脉冲信号，通过测量其输出的脉冲上升沿宽度即可计算出系统积分时间。若辐射计输出脉冲的高低电平稳态值之间的电压差值为 ΔU，则从初始状态值开始变化到 $86.6\% \Delta U$ 所需的过渡时间即为辐射计实际积分时间 τ。

▣ 5.5   系统设计与应用

本节中将给出毫米波辐射计末制导系统设计实例,介绍实孔径毫米波辐射计在末制导及安检领域的应用。

5.5.1   毫米波辐射末制导应用

基于毫米波辐射测量原理的无源探测系统具有隐蔽性好、精度高、生存能力强,且不存在角闪烁问题等优势,因此在末端敏感弹药(火箭弹和炮弹等)中得到广泛应用。末敏弹制导应用中的毫米波辐射计工作体制与红外点源寻的制导类似,通常为单通道扫描,作用距离可达百米量级。

以德国智能弹药系统公司(GIWS)研制的 SMART 155mm 炮射末敏弹(图5.16)为例,弹药最大射程 27km,末端敏感器采用三个不同的信号通道,包括94GHz 毫米波辐射计和毫米波雷达、红外探测器,其中毫米波辐射计与毫米波雷达共用一个天线,且与自锻破片战斗部的药型罩融为一体,不需要添加机械旋转装置,在充分利用空间的同时具备较好的抗干扰能力。

图 5.16   德国 SMART 末敏弹(见彩图)

下面以典型布撒式反坦克末敏子母弹为例,对末制导应用中的毫米波辐射计系统参数进行分析和计算。反坦克末敏子母弹工作过程如图 5.17 所示。

母弹在距地面 25m 高处依靠自身动力装置以向上 50m/s、水平 10m/s的速度抛出制导子弹药。末敏子弹制导辐射计天线口径 50mm,中心频率95GHz,工作带宽 2GHz。天线波束与弹体轴线的夹角 10°,弹体保持 2r/s 的自旋速度以完成地面搜索并捕获地面装甲目标,从而引导子弹药实施精确攻击。

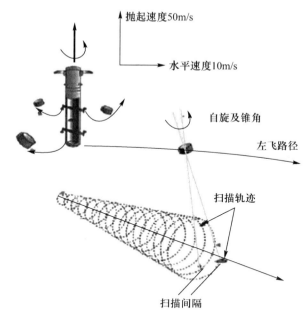

图 5.17   反坦克末敏子母弹工作过程

5.5.1.1   目标及背景亮温

系统设计时首先需要确定目标与周围环境背景的毫米波辐射亮温差。

在 95GHz 频段天空平均亮温分布如图 5.18 所示,目标顶空 140°范围内的天空平均亮温约为 $T_1 = 60K$,随着顶空锥角的增加,天空平均亮温逐渐升高。天顶角 70° ~ 80°、80° ~ 90°范围内天空平均亮温分别约为 $T_2 = 150K$、$T_3 = 300K$。

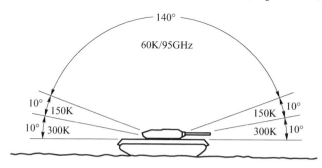

图 5.18   95GHz 频段天空平均亮温分布

由于探测距离较近,可忽略大气衰减和大气向上辐射的影响,因此目标整体的平均视在亮温是顶空半球内自身辐射亮温与反射天空亮温之和。

假设处于工作状态的装甲车辆表面物理温度为 $T_T = 308K(35℃)$,发射率

$e_T = 0.1$,对应反射率为$\rho_T = 0.9$。目标自身辐射亮温为

$$T_{BT} = e_T \cdot T_T = 0.1 \times 308 = 30.8 \quad (K) \tag{5.31}$$

至于目标顶空半球内的平均反射亮温,可以根据不同角度区域内天空亮温分布与目标归一化面积加权来计算。如图5.18所示,天顶角80°~90°范围内对应的归一化面积为

$$A_3 = \int_0^{10°} 2\pi \cos\theta \mathrm{d}\theta \approx 1.09 \quad (sr) \tag{5.32}$$

天顶角70°~80°范围内对应的归一化面积$A_2 \approx A_3$,则顶空140°范围内的归一化面积A_1为

$$A_1 = 2\pi - (A_2 + A_3) = 4.10 \quad (sr) \tag{5.33}$$

根据三个区域内目标反射亮温,可得到目标在顶空半球内的平均反射亮温

$$
\begin{aligned}
T_{SC} &= \rho_T \cdot \left(\frac{A_1}{2\pi} T_1 + \frac{A_2}{2\pi} T_2 + \frac{A_3}{2\pi} T_3 \right) \\
&= 0.9 \times \left(\frac{1.09}{2\pi} \times 300 + \frac{1.09}{2\pi} \times 150 + \frac{4.10}{2\pi} \times 60 \right) \\
&= 105.5 \quad (K)
\end{aligned}
\tag{5.34}
$$

因此,目标整体的平均视在亮温为

$$T_{APT} = T_{BT} + T_{SC} \approx 30.8 + 105.5 = 136.3 \quad (K) \tag{5.35}$$

假设地面环境温度为$T_G = 293K(20℃)$,地面发射率为$e_G = 0.92$(草地和土壤的典型值),则地面背景的视在亮温可以通过相同的方式计算得到,为

$$
\begin{aligned}
T_{APG} &= \varepsilon_G \cdot T_G + \rho_G \cdot \left(\frac{A_1}{2\pi} T_1 + \frac{A_2}{2\pi} T_2 + \frac{A_3}{2\pi} T_3 \right) \\
&= 0.92 \times 293 + 0.08 \times 117 \\
&= 279 \quad (K)
\end{aligned}
\tag{5.36}
$$

可以看出,地面背景的视在亮温中反射天空亮温的分量很小。装甲车辆的视在亮温要远低于地面背景视在亮温,因此相对背景来说装甲车辆是"冷"目标。

5.5.1.2 天线温度

从4.4节中的分析可知,辐射计进行目标探测时,天线温度变化取决于目标背景视在亮温差以及目标的波束占空比。

由于末敏弹中毫米波辐射计天线以近似垂直地面工作,则天线波束地面投影面积为

$$A_B = \frac{\pi}{4} (R \cdot \theta_{3dB})^2 \tag{5.37}$$

式中:R为辐射计与目标间的距离;θ_{3dB}是辐射计天线的半功率波束宽度,工程中

可用下式进行估算

$$\theta_{3dB} = 1.22 \frac{\lambda}{D} \quad (\text{rad}) \tag{5.38}$$

式中：λ 为天线的工作波长；D 为天线口径。

目标面积为 A_T 时对应波束占空比为 $\eta_{fill} = A_T/A_B$，根据式（4.44）可得波束指向目标区域时，辐射计天线测量到的视在温度为

$$T_{AP} = \eta_{fill} \cdot T_{APT} + (1 - \eta_{fill}) \cdot T_{APG} \tag{5.39}$$

当 $\lambda = 3.16\text{mm}$，$D = 50\text{mm}$ 时，位于 100m 高度的辐射计天线波束投影面积 $A_B = 46.7\text{m}^2$，对于面积为 $A_T = 20\text{m}^2$ 的装甲车辆目标，波束占空比为 $\eta_{fill} = 0.42$，代入上式可得 $T_{AP} = 0.42 \times 136.3 + (1 - 0.42) \times 279 = 219 \quad (\text{K})$。

当天线波束扫描过目标时，天线输出温度随目标波束填充比变化，图 5.19 给出了不同高度条件下辐射计测量目标时对应的天线温度变化情况。

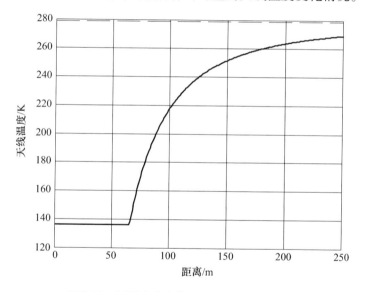

图 5.19　不同高度条件下天线温度（见彩图）

当天线波束中没有目标时辐射计输出温度为 279K，反映的是地面背景的辐射亮温。显然，当目标波束填充比为 1 时天线输出的目标与背景亮温差最大。

上面计算中假设天线为理想无损天线，实际中需要考虑天线的辐射效率，详细内容可参考本书 3.2.1 小节。

5.5.1.3　温度灵敏度

辐射计系统需具备足够高的温度灵敏度才能实现对一定距离处装甲车辆目标的探测。根据 5.2.1 小节中给出的全功率辐射计灵敏度公式，即

$$\Delta T_{sys} = (T'_A + T_R) \sqrt{\frac{1}{B\tau} + \left(\frac{\Delta G}{G}\right)^2} \tag{5.40}$$

系统温度灵敏度主要与积分时间、带宽、系统噪声温度以及增益波动等系统参数有关。

首先考虑辐射计积分时间 τ。为保证末敏弹制导探测距离，一般令辐射计积分时长等于目标在探测波束内的驻留时间。辐射计天线波束在地面投影圆直径为

$$D_{foot} = 1.22 \frac{\lambda}{D} R \tag{5.41}$$

已知辐射计波束扫描锥角 $\theta_{cone} = 10°$，做圆锥扫描时在地面扫描圆周长为

$$C_R = 2\pi (R\theta_{cone}) \tag{5.42}$$

因此，当子弹以 2 周每秒的旋转速度自旋时，目标在波束内驻留时间为

$$\tau = \frac{D_{foot}}{2 \times C_R} = \frac{1.22\lambda}{4\pi D\theta_{cone}} = \frac{1.22 \times 3.21}{4\pi \times 50 \times 0.17} = 37 \quad (ms) \tag{5.43}$$

接下来考察系统噪声温度。系统噪声温度为天线噪声温度 T'_A 与接收机噪声温度 T_R 之和。对于理想无损天线，可认为天线噪声温度与观测场景对应的视在亮温相等，即 $T'_A = T_{APG} = 279K$。若接收机噪声系数为 $NF = 6dB$，室温为 $T_0 = 290K$，可计算得到接收机噪声温度 T_R 为

$$T_R = T_0 \cdot (10^{NF/10} - 1) = 290 \times (10^{0.6} - 1) = 865 \quad (K) \tag{5.44}$$

由于末敏单制导辐射计系统积分时间较短（$\tau = 37ms$），目前的 3mm 波段器件水平可保证增益波动对辐射计灵敏度影响较小，可以忽略。

根据前面给出和计算得到的系统参数：辐射计接收带宽 $B = 2GHz$，积分时间 $\tau = 37ms$，天线噪声温度 $T'_A = 279K$，接收机噪声温度 $T_R = 865K$，增益波动 $\Delta G/G \approx 0$，代入式（5.40）中可计算得到辐射计温度灵敏度为

$$\Delta T_{sys} = \frac{T'_A + T_R}{\sqrt{B\tau}} = \frac{279 + 865}{\sqrt{2 \times 10^9 \times 37 \times 10^{-3}}} = 0.13 \quad (K) \tag{5.45}$$

式（5.45）表明，此辐射计系统最小可以检测到 0.13K 的温度波动。当然，为保证目标能够被可靠地检测，一般对检测信噪比有一定的要求。假设检测信噪比 $N_0 = 20(13dB)$，则要求波束平滑后目标与地面背景间亮温差不小于系统温度灵敏度的 20 倍，即 $0.13 \times 20 = 2.6(K)$。

考虑到目标波束填充因子，由式（5.39）可知，目标背景亮温差 2.6K 对应的辐射计最远探测距离为 485m。这一探测距离已超过子弹药的投放高度，所以可以保证装甲车辆目标始终处于辐射计的威力范围。

5.5.2 毫米波辐射成像安检应用

在人体安检、走私稽查、预防盗窃等场合,需要对隐藏于人体衣物下面的危险品进行探测。由于在毫米波频段,衣物可认为是接近完全透波的,人体具有较高的发射率,金属发射率接近于零,塑料、陶瓷以及毒品等绝缘体则介于人体和金属之间。因此,利用毫米波辐射计近距离测量人体辐射亮温的差异可以实现对衣物内隐匿物品的被动成像,并对隐匿的危险物品(枪支、刀具、爆炸物等)进行检测和识别,成像结果如图 5.20 所示。

图 5.20 90GHz 对人体携带隐匿物品成像结果[18](见彩图)

对人体隐匿物品的毫米波被动成像原理如图 5.21 所示。

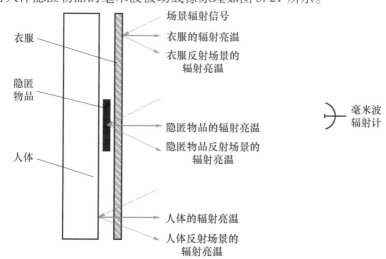

图 5.21 人体隐匿物品毫米波被动成像原理(见彩图)

毫米波被动成像系统穿透能力强,对隐藏于人体衣物下面的危险品有较好的探测能力,相对于人手搜身的侵犯性,易于被受检者接受。同时,由于不辐射任何信号,对人和环境不造成任何损害。毫米波被动成像系统不仅可以检测出隐藏在织物下的金属物体,还可以检测出塑料手枪,炸药等危险品。因此,近年来毫米波被动成像技术在人体安检等方面的应用得到了更加广泛的关注。

为了获得更高的空间分辨力,毫米波被动成像系统一般工作在较高频段,如3mm 波段或太赫兹频段。同时考虑到成本问题,目前大多数毫米波被动成像安检设备采用机械扫描方式。美国 Brijot 公司开发的毫米波被动成像安检设备外观如图 5.22 所示。

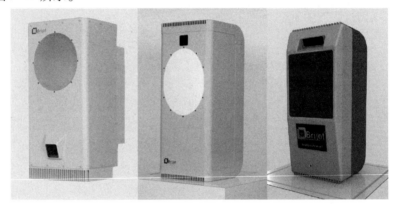

图 5.22　Brijot Gen 2 毫米波被动成像安检设备外观[19]

系统工作频段为 80～100GHz,分辨力为 5cm×5cm,成像帧频为 4～12Hz。采用与水平面具有一定角度的反射板进行扫描,以代替辐射计阵列的扫描,减少了有源器件的运动。系统能探测金属、塑料或复合材料制成的枪支或炸弹等隐匿物品。

参考文献

[1] Niels S, David L V. Microwave Radiometer System Design and Analysis[M]. 2nd ed Artech House, 2006.

[2] Larry Y, Merit S, Philip M. Passive Millimeter – wave Imaging[J]. IEEE microwave magazine,2003,9,39 – 50.

[3] Goldsmith P F. ,Hsieh C – T,Huguenin G R , et al. Focal plane imaging systems for millimeter wavelengths[J]. IEEE Trans. Microwave Theory Tech. 1993.

[4] 杰夫瑞 A 南泽. 微波毫米波安防遥感技术[M]. 苗俊刚,等译. 北京:机械工业出版社,2015.

[5] 黄忠华. 末敏弹系统的目标识别[D]. 南京:南京理工大学,2001.

[6] 栾英宏. 毫米波主被动复合近程探测目标识别方法研究[D]. 南京:南京理工大学,2010.

[7] 赵国庆. 雷达对抗原理[M]. 西安:西安电子科技大学出版社,1999.

[8] 聂建英,李兴国,娄国伟. 毫米波被动探测目标小波包边缘检测与特征研究[J]. 战术导弹技术, 2011.

[9] 张晓丽. 被动毫米波辐射图像弱小目标检测方法研究[D]. 武汉:华中科技大学,2011.

[10] 苏建中. 基于毫米波辐射计的目标检测技术研究[D]. 成都:电子科技大学,2009.

[11] 李良超. 无源毫米波成像理论与超分辨信号处理技术研究[D]. 成都:电子科技大学,2009.

[12] Walter N H. Precision Temperature Reference for Microwave Radiometry[J]. IEEE Trans. 1973,MTT－21.

[13] Walter N H,Kenneth W G,Love A W. An S－Band Radiometer Design with High Absolute Precision[J]. IEEE Trans. 1974,MTT－22.

[14] 彭树生,李兴国. 8mm 测量辐射计定标方法的研究[J]. 红外与毫米波学报. 1997.

[15] Hongbin Chen. A Method for Calibrating the Ground－based Triple－channel Microwave Radiometer[J]. IEEE Trans. Geosci. Remote Sensing,1998.

[16] 肖志辉,张祖荫,郭伟. 地基、空基、星基微波辐射计定标技术概览[J]. 遥感技术与应用, 2000,15(2),113－120.

[17] 张莹. 微波辐射计特性测试系统的研究[D]. 武汉:华中科技大学,2005.

[18] Peichl M,Dill S,Jirousek M,et al. Microwave Radiometry－Imaging Technologies and Applications[C]. Chemnitz, Germany:Proceedings of WFMN07, 2007:75－83.

[19] Gary V T. Millimeter wave case study of operational deployments:Retail, Airport, Military, Courthouse, and Customs[C]. Passive Millimeter－Wave Imaging Technology XI, Proc. of SPIE,6948, 694802, (2008).

第 **6** 章
综合孔径毫米波辐射探测技术

◤ **6.1 引 言**

辐射干涉测量与干涉式阵列是辐射测量学中一类非常重要的方法和工具,有关原理已经在本书前面相关章节中进行了介绍。辐射干涉测量技术在遥感领域的典型应用是综合孔径辐射计(Synthesis Radiometer)。在射电天文和遥感领域中,将利用干涉式阵列基线的测量结果来获得等效大口径阵列观测效果的处理过程,称为孔径综合(Synthesis)[1]。本书沿用这一术语,将利用干涉式阵列实现毫米波辐射无源探测的技术称为综合孔径毫米波辐射探测技术。需要特别说明的是,这一概念与雷达成像技术领域的合成孔径(Synthetic Apeture)是不同的。合成孔径雷达是依靠天线运动等效地在空间上形成很长的线性阵列,然后通过各次回波的相参合成处理来获得很高的角度分辨力。

本章内容安排如下:6.2 节首先介绍综合孔径辐射探测技术基本原理和性能指标参数;6.3 节对综合孔径辐射探测系统的组成与各分系统进行介绍;6.4 节论述综合孔径辐射探测在高分辨成像和目标探测应用中的处理方法,并给出系统定标方法;6.5 节给出典型的机载和星载综合孔径辐射探测系统的设计实例。

◤ **6.2 综合孔径辐射探测工作原理**

辐射干涉测量以及干涉式阵列基本原理已分别在本书 2.4 节和 3.2 节中做了介绍。综合孔径辐射探测系统通过干涉式阵列基线组合的干涉测量实现对场景辐射亮温分布的空间频率域离散采样(即可见度),在此基础上利用综合孔径处理可获得等效大口径阵列观测的效果,而应用于此的干涉式阵列也常被称为综合孔径阵列。

6.2.1 综合孔径阵列原理

综合孔径阵列工作原理如图 6.1 所示,其基本单元是二元干涉仪,由两个通道和一个复相关器构成。

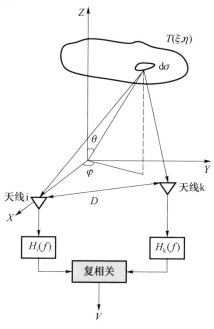

图 6.1 综合孔径阵列工作原理

当观测场景位于综合孔径阵列的远场区时,根据 Van Cittert – Zernike 定理,可见度函数 $V(u,v)$ 与场景亮温分布 $T_B(\xi,\eta)$ 之间有下述关系[2]:

$$V(u,v) = K \iint\limits_{\xi^2+\eta^2 \leqslant 1} \frac{T_B(\xi,\eta)}{\sqrt{1-\xi^2-\eta^2}} F_{ni}(\xi,\eta)$$

$$F_{nk}(\xi,\eta)\tilde{r}\left(-\frac{u\xi+\nu\eta}{f_c}\right) e^{-j2\pi(u\xi+\nu\eta)} d\xi d\eta \quad (6.1)$$

式中:(u,v) 为空间采样频率,两个单元天线坐标为 (x_i,y_i) 和 (x_k,y_k),则 $u = (x_i - x_k)/\lambda$,$v = (y_i - y_k)/\lambda$;$(\xi,\eta) = (\sin\theta\cos\varphi, \sin\theta\sin\varphi)$ 为二维方向余弦坐标;$F_{ni}(\xi,\eta)$、$F_{nk}(\xi,\eta)$ 为天线的电压方向图函数。

$\tilde{r}(\tau)$ 为消条纹函数(又称为带宽方向图),其定义如下:

$$\tilde{r}_{ik}(\tau) = \frac{e^{-j2\pi f_c \tau}}{\sqrt{B_i B_k}\sqrt{G_i G_k}}\int_0^\infty H_i(f) H_k^*(f) e^{j2\pi f\tau} df \quad (6.2)$$

式中:$H_i(f)$、G_i、B_i 分别为通道的频率响应函数、最大增益和等效噪声带宽。当

$B \ll f_c$ 且通道频率响应为理想矩形函数时,$\tilde{r}(\tau) \approx 1$,则式(6.1)可以简化为

$$V(u,v) = K \iint\limits_{\xi^2+\eta^2 \leq 1} T(\xi,\eta) \mathrm{e}^{-\mathrm{j}2\pi(u\xi+v\eta)} \mathrm{d}\xi\mathrm{d}\eta \qquad (6.3)$$

式中:$T(\xi,\eta) = T_B(\xi,\eta) F_{ni}(\xi,\eta) F_{nk}(\xi,\eta) / \sqrt{1-\xi^2-\eta^2}$ 称为场景修正亮温,式(6.3)表明可见度函数 $V(u,v)$ 与场景修正亮温图像 $T(\xi,\eta)$ 之间满足傅里叶变换关系

由式(6.1)、式(6.3)可以看出,可见度函数与天线的绝对位置无关,仅与参与干涉测量的阵元相对位置有关。通过改变天线之间的相对位置可以获得不同基线上的复相关输出,每一个基线的复相关输出就对应着(u,v)平面上的一个采样点。由于场景亮温分布与可见度函数互为傅里叶变换关系,利用不同长度和方向的干涉基线进行空间频率域采样获得场景可见度函数后,进行傅里叶变换即可得到场景的亮温分布。但实际应用中通常只能获得有限、离散的可见度函数采样值,下面引入可见度采样函数和点扩展函数的概念,以进一步说明可见度采样及亮温反演的过程以及离散有限可见度采样的影响。

首先给出场景亮温分布的二维可见度函数、采样函数以及综合孔径阵列点扩展函数[3]的定义式。场景亮温分布的二维可见度函数定义为

$$V(u,v) = K \iint\limits_{\xi^2+\eta^2 \leq 1} T(\xi,\eta) \mathrm{e}^{-\mathrm{j}2\pi(u\xi+v\eta)} \mathrm{d}\xi\mathrm{d}\eta \qquad (6.4)$$

对于一个包含 $N \times M$ 个干涉基线组合的二维综合孔径阵列,定义其二维采样函数 $S(u,v)$ 有如下形式

$$S(u,v) = \sum_n \sum_m \delta(u-u_n)\delta(v-v_m) \qquad (6.5)$$

式中:$\delta(\cdot)$ 表示冲激函数;(u_n,v_m) 表示二维干涉基线分布的坐标,因此综合孔径阵列的空间频率域采样点分布可简称为 UV 分布。

显然,综合孔径阵列的二维采样函数 $S(u,v)$ 对应其 UV 分布,利用可见度函数的离散采样值反演重建得到的场景辐射亮温可表示为

$$\hat{T}_R(\xi,\eta) = K \iint\limits_{\xi^2+\eta^2 \leq 1} V(u,v)S(u,v)\mathrm{e}^{\mathrm{j}2\pi(u\xi+v\eta)} \mathrm{d}u\mathrm{d}v \qquad (6.6)$$

根据傅里叶变换与卷积性质,场景亮温分布的估计值 $\hat{T}_R(\xi,\eta)$ 可表示为场景亮温分布 $T(\xi,\eta)$ 与综合孔径阵列点扩展函数 $\mathrm{PSF}(\xi,\eta)$ 的卷积,因此式(6.6)可写为

$$\hat{T}_R(\xi,\eta) = T(\xi,\eta) * \mathrm{PSF}(\xi,\eta) \qquad (6.7)$$

$$\mathrm{PSF}(\xi,\eta) = \int_{-\infty}^{\infty}\int_{-\infty}^{\infty} S(u,v)\,\mathrm{e}^{-\mathrm{j}2\pi(u\xi+v\eta)}\,\mathrm{d}u\mathrm{d}v \tag{6.8}$$

式中：" * "表示卷积运算；综合孔径阵列点扩展函数 $\mathrm{PSF}(\xi,\eta)$ 是其采样函数 $S(u,v)$ 的逆傅里叶变换，表示综合孔径阵列的空间响应，因此点扩展函数也称为阵列因子。

对于最简单的二元干涉仪，其阵列因子形状为梳状函数，随着干涉基线长度增加，对应梳状函数的栅瓣数目变多，栅瓣间距变窄。不同基线长度的干涉仪能够测量到场景辐射亮温分布图中与其梳状函数对应的纹理特征，因此一个二元干涉仪可以被认为是一个空间滤波器。对于观测场景亮温分布，长基线干涉仪会输出其空频域中的高频分量，短基线干涉仪则输出其低频分量。

对于实际中的综合孔径阵列，由于天线尺寸及阵列规模的限制，其基线分布和覆盖范围有限，因此只能完成部分空间频率的离散采样。与时频域中的有限离散采样关系类似，空频域的离散周期采样会导致空域恢复信号的周期延拓，而空频域高频采样的缺失则会导致空域反演恢复信号出现吉布斯振荡。

为了更直观地说明这一现象，图 6.2 以一维亮温分布的空频域采样和重建为例，分析了综合孔径阵列采样函数、阵列因子以其与重建亮温之间的关系，图中的双向箭头代表左边和右边的量之间存在傅里叶变换关系。

图 6.2(a) 和图 6.2(b) 分别是场景亮温分布及其对应的可见度函数。图 6.2(f) 代表可见度函数采样值，对其进行傅里叶逆变换可以得到图 6.2(e) 中场景亮温估计。图 6.2(b)、(d)、(f) 展示了可见度函数采样的过程，而图 6.2(a)、(c)、(e) 表明场景亮温估计是真实场景亮温与阵列因子卷积的结果，场景亮温估计值出现的振荡可以认为是场景亮温与阵列因子卷积产生的结果，也可以理解成由于空间频率域的高频截断导致的吉布斯振荡。正因综合孔径阵列因子与采样函数间存在的傅里叶变换对关系，理想综合孔径探测系统的空域响应取决于其 UV 分布，也就是综合孔径阵列的阵元排布形式。

6.2.2 系统参数与性能指标

综合孔径辐射探测系统的性能指标参数主要有工作频率、带宽、积累时间、系统灵敏度、分辨力与无混叠视场范围。

6.2.2.1 工作频率与带宽

综合孔径辐射探测系统应综合考虑应用需求与目标辐射特性、大气传输损耗、件水平以及成本等多种因素，合理选择系统的工作频率。

首先需要考虑应用需求和目标辐射特性，保证辐射计测量输出与所感兴趣的特定目标参数之间具备对应关系。例如，在气象遥感卫星应用中，主要关注目

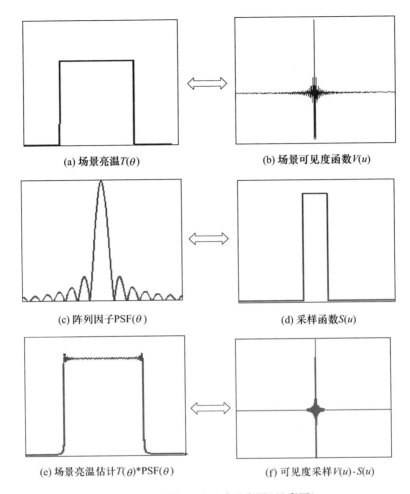

(a) 场景亮温$T(\theta)$ (b) 场景可见度函数$V(u)$

(c) 阵列因子PSF(θ) (d) 采样函数$S(u)$

(e) 场景亮温估计$T(\theta)$*PSF(θ) (f) 可见度采样$V(u)\cdot S(u)$

图 6.2　辐射亮温的重建示意图(见彩图)

标为大气的水气含量及温度分布情况,因而工作频率范围主要覆盖 23.8 ~ 183GHz 中的水汽吸收频段。在目标探测应用中需要实现对较远距离目标的探测,则需要考虑毫米波信号传播过程中的大气吸收损耗问题,一般考虑将系统工作频率选取为 35GHz、95GHz、140GHz 等大气窗口频段。

系统接收机带宽这一参数是影响系统灵敏度的重要因素,理论上接收机带宽越宽系统温度灵敏度越高,而实际中宽带信号的接收处理会对接收机的带内波动、增益稳定性以及采集处理性能提出很高的要求,因此系统带宽除了需要考虑系统灵敏度需求外,还需要考虑工程可实现水平以及系统规模等因素进行权衡。

此外,通道间进行宽带信号干涉测量还需要考虑带宽对通道间信号相关性的影响[4]。假设两接收通道完全对称且带通滤波器是一个理想的滤波器,则通道间信号的互相关函数可以记作

$$r(\Delta t) = \text{sinc}(\pi B \Delta t)\,\mathrm{e}^{\mathrm{j}2\pi f_c \Delta t} \tag{6.9}$$

定义相关时间 τ_g 为 $r(\Delta t)$ 低频部分的积分，其表达式为

$$\tau_g = \int_0^\infty \text{sinc}(\pi B \Delta t)\,\mathrm{d}\Delta t = \frac{1}{4B} \tag{6.10}$$

从式(6.10)可知相关时间 τ_g 与系统工作带宽 B 成反比，带宽越宽相关时间越小，通道间信号相关性越差。

若基线长度为 D，目标入射角是 θ，辐射信号到达两天线的时间差为 $\Delta t = D\sin\theta/c$。为保证两通道的信号存在相关性，使得信号时间差 $\Delta t \le \tau_g$，代入式(6.10)，可得

$$\theta \le \arcsin\left(\frac{c}{4BD}\right) \tag{6.11}$$

也就是说，目标辐射信号入射角、基线长度以及带宽间满足上式条件，才能保证两天线输出的信号存在相关性。从上述公式可以看出，带宽一定时，基线 D 越大，空间分辨力越高，但是允许的最大入射角越小；基线一定时，系统带宽越大信号相关性越差。

6.2.2.2　系统温度灵敏度与功率灵敏度

综合孔径辐射探测系统的温度灵敏度定义为系统可检测到的亮温的最小变化，其理论表达式为[5]

$$\Delta T_{\text{sys}} = C\,\frac{T_{\text{sys}}}{\sqrt{B\tau}}\,\frac{A_{\text{syn}}}{MA_r} \tag{6.12}$$

式中：C 为与相关接收机有关的常数(理想情况下可令 $C=1$)；T_{sys} 为系统噪声温度；B 为接收机带宽；τ 为有效积分时间；M 为与阵元个数及排布方式有关的变量，对于常见阵列 $M = \sqrt{N_v}$，N_v 为非冗余基线个数；A_r 为单元天线有效面积；A_{syn} 与综合孔径辐射探测系统空间分辨力有关，与系统立体角 Ω_{syn} 的关系为

$$A_{\text{syn}} = \frac{\lambda^2}{\Omega_{\text{syn}}} \tag{6.13}$$

式中：λ 为信号波长。显然 A_{syn} 的物理含义是对阵列所有基线进行孔径综合后形成的"虚拟阵列"对应的天线面积。

假设目标与综合孔径辐射探测系统间距离为 R，则目标所在距离上系统分辨单元对应的面积为

$$A_t = \Omega_{\text{syn}} R^2 = \frac{\lambda^2}{A_{\text{syn}}} R^2 \tag{6.14}$$

从式(2.2)可知，亮温为 ΔT_B、面积为 A_t(占满一个分辨单元)的展源目标在距离 R 处的辐射功率密度为

$$S_t = \frac{k\Delta T_B B}{\lambda^2} \frac{A_t}{R^2} = \frac{k\Delta T_B B}{A_{syn}} \tag{6.15}$$

因此,利用有效面积为 A_r 的单元天线测量目标与环境背景辐射时,输出信号的功率差为

$$\Delta P_r = S_t A_r = \frac{k\Delta T_B B A_r}{A_{syn}} \tag{6.16}$$

式中: ΔT_B 为占满一个分辨单元的目标与环境背景的亮温差。

对于检测因子为 N_0 的毫米波辐射无源探测系统,要实现对目标的检测须保证亮温差 ΔT_B 与系统温度灵敏度 ΔT_{sys} 满足式(4.50)的要求,即

$$\Delta T_B \geq N_0 \cdot \Delta T_{sys} \tag{6.17}$$

将式(6.12)代入式(6.17)中等号右边并进行等式变换,使得等号左边表达式符合式(6.16)中的形式,可得

$$\Delta P_r \geq N_0 \cdot S_{min} \tag{6.18}$$

$$S_{min} = C \frac{P_n}{\sqrt{B\tau M}} \tag{6.19}$$

式中: $P_n = kT_{sys}B$ 表示接收机通道噪声基底功率; S_{min} 代表综合孔径系统最小可检测信号功率。

式(6.18)表明,若要实现目标检测,目标对应单通道输出信号功率变化值 ΔP_r,应大于单通道最小可检测信号功率 S_{min} 的 N_0 倍。与式(6.17)中给出的以亮度温度为量纲的毫米波辐射无源探测系统探测距离方程对比,式(6.18)可认为是以功率为量纲的毫米波辐射无源探测系统探测距离方程。

对比式(6.19)与式(6.12)可知, ΔT_{sys} 表示综合孔径辐射探测系统的温度灵敏度, S_{min} 则表示综合孔径辐射探测系统的功率灵敏度,二者虽然量纲不同,但在描述系统灵敏度性能时是等价的。

正如4.4.2节中所述,以温度(单位为 K)或功率(单位为 W)为量纲来描述的系统灵敏度和探测距离方程各具优点,在系统参数设计、性能评估、指标测试中可根据测试要求、仪器设备和环境条件灵活应用。

6.2.2.3　空间分辨力与视场范围

综合孔径辐射探测系统的空间分辨力可用综合孔径阵列因子的主瓣波束宽度来表征,因此主要由阵列 UV 分布的范围或宽度(即最大基线长度)来决定。与3.2节中讨论的天线方向图类似,综合孔径阵列因子主瓣宽度通常用半功率波束宽度 $\Delta\theta_{3dB}$ 或零点波束宽度 $\Delta\theta_{null}$ 来定义,零点波束宽度可用下式计算,即

$$\Delta\theta_{null} = 2\lambda/D \tag{6.20}$$

式中: D 表示阵列的最长干涉基线。显然,最长基线为 D 的综合孔径阵列的空

间分辨力与一个口径为 D 的实孔径天线的空间分辨力相同。

　　基于这一原理,射电天文领域最先发明了综合孔径射电望远镜用于高分辨力辐射源观测应用,将一个大口径实孔径天线等效分割成若干个小口径天线,通过基线设计和组合干涉测量得到所有的空频域采样,经孔径综合处理后得到与大口径实孔径天线相同的观测分辨力。在空间分辨力相同的情况下,综合孔径技术能够大大减小所需要的实孔径天线面积,在无需机械扫描的情况下利用干涉式阵列天线即可实现对场景的高分辨辐射观测。

　　除综合孔径阵列基线外,系统空间分辨力还与系统处理算法有关。综合孔径反演处理中一般通过对可见度采样加窗来降低阵列因子的旁瓣电平,在压低旁瓣的同时会引起阵列因子主瓣宽度的展宽,从而导致系统空间分辨力的恶化,因此需根据实际系统对旁瓣电平和分辨力的要求权衡考虑窗函数的选取。

　　综合孔径阵列的无混叠视场范围(FOV)[6]与最短基线有关。对于基线按照周期分布的综合孔径阵列,空间频域的离散周期采样会导致空域分布的周期延拓。下面以最短基线长度为 d 的一维阵列为例来进一步说明无混叠视场范围概念,如图 6.3 所示,阵列的空间频域的最小采样间隔为 $\Delta u = d/\lambda$,对应空域延拓周期 $\xi_{\mathrm{T}} = 1/\Delta u$。

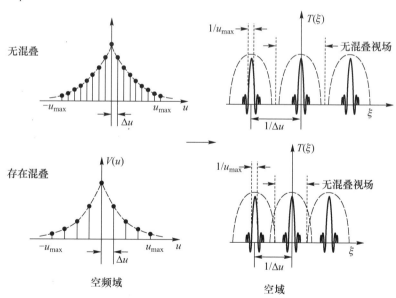

图 6.3　一维阵列可见度采样及成像混叠示意

　　根据 2.4 节中的干涉仪基本原理可知,采用短干涉基线可得到较大的视场范围。当采样间隔较小时,栅瓣间隔较远,无混叠区间比较大,随着采样间隔变大,栅瓣间隔变小,空域 $T(\xi)$ 的无混叠区间随之变小。类似于时域的奈奎斯特采样定理,如要在整个视场范围都不产生栅瓣,则要求最小基线长度要小于 $\lambda/2$。综合孔径阵列的无混叠视场范围可根据空间频域最小采样间隔 Δu 来计算,为

$$\text{FOV} = \arcsin(1/\Delta u) \tag{6.21}$$

对于非规则综合孔径阵列,阵元位置的随机排布对应空间频域的非周期采样,孔径综合处理后空域上不会出现明显的栅瓣,但其阵列因子会出现较高的旁瓣,这一点与非规则阵列方向图是类似的。

需要指出的是,实际综合孔径辐射探测系统的空间响应是干涉式阵列因子与单元天线方向图综合的结果。因此,一般要求单元天线主瓣宽度与视场范围匹配且具有良好的主旁瓣比,利用空域滤波来尽可能降低视场外场景的混叠。此外,在大带宽和长基线条件下还需要考虑带宽方向图的影响。

表 6.1 中分别给出采用一维最小冗余阵列和交错 Y 形阵列的综合孔径辐射探测系统的温度灵敏度、分辨力和视场范围指标参数的表达式。

表 6.1 典型综合孔径辐射探测系统指标参数

阵列构型	温度灵敏度	分辨力	视场范围
一维最小冗余阵列	$\Delta T_{\text{sys}} = \dfrac{T_{\text{sys}}}{\sqrt{B\tau}} \cdot \sqrt{N_{\text{v}}}$ N_{v} 为非冗余基线个数	λ/D D 为阵列长度	$\left[-\arcsin\dfrac{\lambda}{2d}, \arcsin\dfrac{\lambda}{2d} \right]$ d 为阵列最短基线长度
交错 Y 形阵列	$\Delta T_{\text{sys}} = \dfrac{T_{\text{sys}}}{\sqrt{B\tau}} \cdot \sqrt{N_{\text{v}}}$ $N_{\text{v}} = 6N_{\text{EL}}^2 + 1$ (N_{EL} 为每臂天线个数)	$\lambda/\sqrt{3}D$ D 为单个臂长	$\left[-\arcsin\dfrac{\lambda}{\sqrt{3}d}, \arcsin\dfrac{\lambda}{\sqrt{3}d} \right]$ d 为阵列最短基线长度

6.3 综合孔径辐射探测系统组成

综合孔径辐射探测系统的组成框图如图 6.4 所示,主要包括阵列天线、多通道接收机和信号处理等几个分系统。

综合孔径辐射探测系统的空间分辨力与视场范围主要由系统所采用的干涉式阵列的阵元排布形式决定,而系统灵敏度还与系统噪声系数(噪声温度)、接收带宽、积累时间有关。因此,需要对综合孔径辐射探测系统的阵列形式、接收带宽、积累时间、反演处理等分系统参数和方案进行合理分解和设计,以保证系统性能指标满足应用要求。本节将对综合孔径阵列天线、多通道接收机和信号处理等几个分系统进行分别介绍。

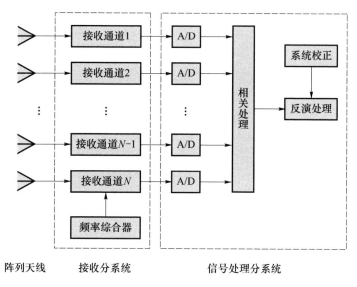

阵列天线　　接收分系统　　　　信号处理分系统

图 6.4　综合孔径辐射探测系统组成框图

6.3.1　阵列天线分系统

综合孔径辐射探测系统中阵列天线分系统的主要功能是接收观测场景辐射的毫米波噪声信号。

从阵列工作方式来看,综合孔径阵列天线可以分为两类:第一类是一维综合孔径阵列,在一维上通过可见度采样和孔径综合处理实现宽空域瞬时覆盖,而在另一维利用机械扫描或电扫的方式实现空域覆盖;第二类是二维综合孔径阵列,通过二维可见度采样和孔径综合处理实现二维空域覆盖。一维综合孔径阵列的优点是对系统资源需求较小,缺点是完成空域的二维覆盖需要更长的时间,因此要求目标在较长的处理时间内相对静止。二维综合孔径阵列则可以实现瞬时的二维空域覆盖,但通常需要较多的阵元和接收通道等系统资源,尤其是相关器的数量会大幅增长,如 8 元综合孔径阵列只需要 28 个相关器,而 64 元综合孔径阵列就需要 2016 个相关器。

从综合孔径阵列 UV 分布的获取方式来看,可分为同时测量和分时测量两种情况。在同一时刻,有限天线数目的综合孔径阵列在空间频域平面上只能获取有限的空频采样值。当 UV 分布覆盖不满足图像重构要求时,可以通过移动天线或阵列整体旋转进行分时测量,获取足够的空间频域采样,即以牺牲时间为代价来实现足够的 UV 分布。图 6.5 给出通过整体旋转阵列进行分时测量获取足够 UV 分布覆盖的例子,图中圆圈代表天线位置,星点代表 UV 采样覆盖。利

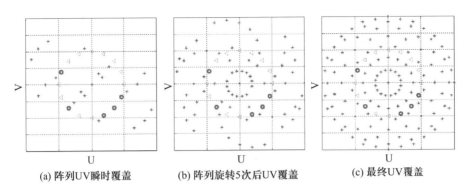

(a) 阵列UV瞬时覆盖　　　　(b) 阵列旋转5次后UV覆盖　　　　(c) 最终UV覆盖

图6.5　UV分布分时测量原理(见彩图)

用5单元综合孔径阵列的整体旋转进行多次分时测量,可获得与16元均匀圆环阵相同的 UV 采样覆盖。

理论上通过移动两个单元天线的位置进行分时测量,可以获取所有需要的可见度函数采样,但该方法需要较长时间且要求场景在整个测量时间内保持静止。

在对实时性要求较高的应用中通常采用同时测量方式,这就要求综合孔径阵列的 UV 分布能够满足系统空间分辨力、视场的要求,因此综合孔径辐射探测的一项重要研究内容就是综合孔径阵列的优化设计。远场条件下,综合孔径阵列中多个相同长度和方向的干涉基线对应同一空间频率采样点,这使得利用较少的天线阵元个数获得符合要求的 UV 分布成为可能。

通常情况下,综合孔径阵列优化的目标是以尽可能少的天线阵元数目获得均匀连续的 UV 覆盖。优化过程一般将最少天线数目(最小冗余度)、最佳成像质量(均匀 UV 覆盖)等原则作为目标函数,根据系统分辨力和视场范围、灵敏度等性能参数来确定阵元间最长、最短基线长度和天线阵元个数等优化约束条件,然后利用各类优化算法(如模拟退火法及遗传算法等)实现综合孔径阵列优化问题的求解。

一维综合孔径阵列优化通常建模为最小冗余线阵(MRLA)求解问题,即在给定阵元数的情况下使得阵列基线长度最大。冗余度的定义为

$$R = \frac{C_n^2}{L} \tag{6.22}$$

式中:C 表示排列组合,n 为阵元数;L 为以最短基线长度归一化后的阵列最大基线长度。

对于天线数目较少的情况可以采用计算机搜索法[7,8]来寻求 MRLA。当天线数目较大时,由于搜索空间(所有可能的排列)随阵元数增加呈指数膨胀,因此无法使用穷举搜索法,则可以采用模拟退火法[9]、贪婪算法[10]、差基算法[11]、循环差集算法[12]等算法来寻求低冗余度阵列。表6.2中给出了使用模拟退火

算法得到的 24 元以内的 MRLA 阵列排布形式。

表 6.2 最小冗余线阵排布形式[9]

天线个数	天线位置
4	0 1 4 6
5	0 1 4 7 9
6	0 1 2 6 10 13
7	0 1 2 6 10 14 17
8	0 1 4 10 16 18 21 23
9	0 1 3 6 13 20 24 28 29
10	0 1 3 6 13 20 27 31 35 36
11	0 1 3 6 13 20 27 34 38 42 43
12	0 1 5 9 16 23 30 37 44 47 49 50
13	0 1 3 6 17 20 27 35 45 49 53 57 58
14	0 1 2 8 14 20 31 42 53 58 63 66 67 68
15	0 1 2 5 10 15 26 37 48 59 65 71 77 78 79
16	0 1 2 5 10 15 26 37 48 59 70 76 82 88 89 90
17	0 1 2 8 14 20 31 42 53 64 75 86 91 96 99 100 101
18	0 1 2 8 14 20 31 42 53 64 75 86 97 102 107 110 111 112
19	0 1 2 3 4 5 50 58 65 71 77 83 89 95 101 107 112 117 121
20	0 1 2 4 9 16 23 24 37 50 63 76 89 102 115 121 127 131 132 133
21	0 1 2 3 4 5 6 59 68 74 79 87 94 101 108 115 122 129 133 139 145
22	0 1 3 9 15 23 24 37 50 58 63 76 89 102 115 128 141 146 148 153 157 160
23	0 1 3 4 5 6 11 16 21 35 49 63 77 91 105 119 133 147 156 160 169 172 173
24	0 1 3 6 7 8 13 15 20 27 43 59 75 91 107 123 139 155 164 173 177 184 186 188

在实际应用中对于阵元数更大的一维综合孔径阵列设计问题,可针对系统指标要求进行阵列优化求解,或通过现有的 MRLA 阵列进行组合得到。需要指出的是,已有研究人员利用数论的方法给出了任意阵元数为 n 的最优 MRLA 与其最大基线长度 L 间满足以下关系[13]:

$$2.434 \leqslant \lim_{L \to \infty} \frac{n^2}{L} \leqslant 2.6646 \qquad (6.23)$$

对于二维综合孔径阵列优化问题,其解空间和搜索量远远大于一维阵列。目前二维综合孔径阵列设计中主要根据应用需要及天线布阵约束,寻找一些简单易行且有较好空间频率覆盖、较低冗余度的二维阵列。目前大量采用的二维综合孔径阵列主要是"T"形、"U"形、"Y"形和"十"字形阵。二维综合孔径阵列优化研究工作则主要集中在针对个别特殊构型阵列的优化,如二维矩形面阵优化[14]、圆环阵优化[15,16]等,大部分的优化准则均是使得优化后的 UV 分布更趋均匀。图6.6 中给出了 11 元均匀圆环阵以及在其基础上优化后的圆环阵的 UV 分布。

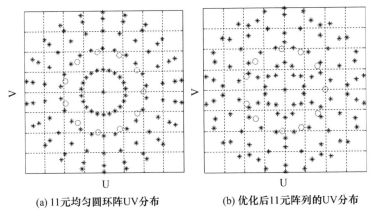

(a) 11元均匀圆环阵UV分布   (b) 优化后11元阵列的UV分布

图 6.6　圆环阵优化前后 UV 覆盖对比(见彩图)

6.3.2　多通道接收分系统

综合孔径辐射探测系统中的接收分系统往往由多通道超外差接收机和频率源组成,其主要功能是将天线接收到的射频信号进行放大、滤波和变频处理后转换成中频信号送入信号处理分系统。

综合孔径辐射探测系统接收机的工作原理和基本概念可参考 3.3 节中的相关内容。接收机工作频率设置与应用相关,本振信号频率则应考虑变频体制、信号带宽以及 A/D 采样速率等因素。此外,频率源输出的变频本振和 A/D 采样时钟信号,以及这些信号对应的各次谐波分量,均可能在混频器中产生杂散干扰信号。因此,接收机设计时应在优化频率设置的同时考虑相应滤波器设计,以确保谐波信号不落入接收机通频带内。

接收机噪声系数会直接影响系统灵敏度,因此在进行接收机设计时应尽量选择性能优良的低噪声放大器。在接收机前端不进入非线性区的情况下尽量提高增益,以减小后续电路对整个系统噪声系数的影响。当然过高的前端增益会压缩接收动态范围,因此需要在动态范围和系统噪声系数之间进行权衡。

系统对多通道接收机增益起伏以及通道间的幅度相位一致性亦有要求。实际接收机必定存在一定程度上的幅度和相位失真及通道间的不一致性,仅仅通过工程设计的手段提高接收机性能以保证其满足系统对幅度和相位稳定性、通道一致性的要求,将导致成本过高甚至是非常困难的。因此,比较合理的方案是在对接收机进行精心设计的基础上,通过系统误差校正方法来解决各种系统非理想因素造成的系统性能下降问题,具体系统误差校正方法将在下一节中介绍。

6.3.3　信号处理分系统

综合孔径辐射探测系统的信号处理分系统一般包括数字相关器和信号处理模块两部分。其中,数字相关器的功能是将接收机送来的多通道模拟中频信号量化为数字信号,并将多通道数据进行两两互相关运算后输出可见度数据;信号处理模块的主要功能是对可见度数据进行系统误差校正和反演处理,获得观测场景亮温分布的估计,根据系统应用的不同可增加图像处理或数据压缩等处理模块。

对于数字相关器[17-19],需要考虑综合孔径阵列阵元个数、接收信号带宽、A/D 采集量化位数以及相关积分时长等参数,以此作为数字相关器方案设计和硬件资源评估的依据。当然,系统设计时也可将 A/D 采集作为接收机的一部分,数字相关器只需要负责多通道数字信号的互相关运算。实际上,在某些情况下直接采用模拟相关器进行通道间信号的互相关运算也是可行的,应该根据系统的应用需求进行具体分析和设计。有关的数字相关器的具体内容已在本书3.4.3 小节中进行了详细介绍,本小节不再赘述。

信号处理模块中在保证硬件处理资源充足的情况下,一般重点考虑的是系统所采用系统误差校正和反演处理算法。对于系统误差校正算法,需要在分析天线方向图特性、接收通道性能和 A/D 量化精度等分机性能的的基础上,结合具体系统的误差校正方案和相应功能模块选择适合的校正方法;反演处理算法的选择则与综合孔径阵列形式(对应 UV 分布)关系密切,对于均匀规则的 UV 分布可以采用傅里叶方法直接进行反演。

6.3.3.1　系统误差校正

综合孔径辐射探测系统作为一个复杂的宽带多通道阵列系统,阵列天线和接收机等环节均会引入各类误差,如天线方向图误差、互耦误差以及阵元位置误差,接收机通道间不一致性、A/D 量化误差、直流偏置误差等[20,21],因此在综合孔径反演处理前对可见度数据进行系统误差校正对于保证系统性能至关重要。

针对接收机的误差校正方法比较多,最基本的是利用相干及非相干噪声源实现通道幅相误差及固定偏置误差的测量。例如,利用内置的噪声源作为参考源周期地注入通道来修正系统通道增益和相位的起伏变化,同时每个前端都有一个独立的匹配负载,利用非相关噪声注入法可以消除本振泄露产生的偏置误差。注入式校正中功分网络的设计和实现相当困难,Camps 等人提出了改进的相关噪声注入网络[22]方案,通过增加参考源的个数减小功分网络的相位不平衡性。与接收机通道响应有关的消条纹函数则可采用三次时延法进行估计[23,24]。除此之外,研究人员针对单校正源通道阵列幅相误差校正算法[25]、单比特量化综合孔径幅度误差校正算法[26]也开展了大量的研究。

天线方向图误差比较稳定,利用外部校正源测量获取的误差校正数据可长期使用[27,28],利用外部校正源也可实现阵列天线阵元位置误差的校正[29,30]。此外,采用 G 矩阵反演法时,利用测量得到系统响应矩阵数据,可在进行反演处理的同时实现对天线方向图误差、天线互耦误差、通道幅相误差等误差的校正[31]。

需要说明的是,与 5.4 节中所介绍的实孔径辐射计定标类似,综合孔径辐射探测系统同样需要进行定标。对于实际中的综合孔径辐射探测系统来说,系统误差校正和系统定标往往可以同时进行,具体的综合孔径系统定标和系统误差校正方法将在 6.4.3 小节中进行详细介绍。

6.3.3.2 综合孔径阵列反演处理

对于一维最小冗余阵、U 形阵及 T 形阵,其 UV 采样点分布在均匀栅格上,最直接的反演方法就是由 Ruf[32] 等人提出的傅里叶反演方法。场景亮温分布 $T_B(\xi,\eta)$ 与可见度函数 $V(u,v)$ 互为傅里叶变换关系,对于实际的综合孔径阵列系统而言不可能测得连续的可见度函数,可通过对可见度函数有限离散采样点观测值的离散傅里叶变换来逼近积分变换,即

$$T_B(\xi,\eta) \overset{\text{DFT}}{\Longleftrightarrow} V(u,v) \tag{6.24}$$

由于数学模型清晰简明,同时可以利用快速傅里叶变换对测量的可见度数据进行反演处理,运算效率高,因此傅里叶变换法在综合孔径阵列反演处理中的应用最为广泛。对于 Y 形阵、圆环阵等 UV 采样点不在矩形栅格上的情况,仍然可以在对数据进行坐标变换或插值处理的基础上采用傅里叶变换法进行反演。

综合孔径阵列反演处理中的有另外一大类基于离散系统响应矩阵模型的数值反演算法,统称为 G 矩阵反演法。用模型操作算子 G 表示综合孔径辐射探测系统的系统响应矩阵,T 表示离散化的场景亮温分布矢量,可将综合孔径阵列系统观测过程建模为如下离散模型

$$\underset{(K \times 1)}{V} = \underset{(K \times N)}{G} \underset{(N \times 1)}{T} + \underset{(K \times 1)}{e} \tag{6.25}$$

式中:V 为系统测量得到的可见度数据矢量;e 为可见度数据测量噪声。

G 矩阵反演处理可认为是利用测量数据 V 和系统响应矩阵 G 来求解或估计 T 的过程,对 UV 采样点是否分布在矩形栅格上没有要求。式(6.25)的求解在数学上属于求解第一类 Fredholm 方程[33,34]的反问题,存在解不唯一或者不连续依赖于测量数据的不适定性。该问题的一种求解方式是展源 CLEAN 算法[35],该算法完全忽略不适定性,利用迭代方法从大量可能的反问题解中选择

一个。由于该迭代算法的初始值是根据可见度采样的傅里叶变换求得的,因此对综合孔径阵列系统要求较高。

目前的绝大多数 G 矩阵反演方法主要是在最小二乘理论基础上进行求解,例如可采用 Moore – Penrose 广义逆法[36,37]直接求解或采用 BG 算法[38]迭代求解。然而系统误差以及测量噪声可能会导致模型操作算子 G 不适定,从而无法进行广义逆求解,最小范数解不稳定无意义。为此,Lannes 和 Anterrieu 在对综合孔径阵列反演问题的不适定性研究的基础上提出了正则化方法(Regularization Method)[39,40],其基本思想为利用正则化参数引入约束条件缩小解空间,确保能找到一个唯一的稳定解,从而把病态问题转变为一个良态问题。典型正则化反演方法有截断奇异值分解法[41]、Tikhonov 正则化方法[42]和带限正则化方法[43]等。

6.4　综合孔径辐射探测处理方法

与实孔径毫米波辐射探测类似,综合孔径辐射探测应用也可以分为无源成像和目标探测两类。在综合孔径辐射成像中目标对象为展源目标或区域场景,处理方法研究重点为高分辨力反演成像算法;而在综合孔径目标探测中目标对象主要为点源或小目标,处理方法研究则更为关注目标检测问题。

下面将对综合孔径反演成像、运动目标探测以及综合孔径系统定标方法进行详细介绍。

6.4.1　综合孔径反演成像算法

综合孔径反演成像算法主要可分为傅里叶变换法和 G 矩阵反演法两大类,其基本原理和各自特点已在 6.3.3 小节中进行了说明。本小节将具体介绍傅里叶变换法中的 HFFT 和 NUFFT 算法,以及 G 矩阵反演法中的 Tikhonov 正则化和截断奇异值法。

6.4.1.1　HFFT 反演算法

对于一维最小冗余阵、U 形阵及 T 形阵等 UV 采样点分布在均匀矩形栅格上的阵列可以直接利用 FFT 运算进行反演处理。对于 Y 形阵、圆环阵等 UV 采样点虽不在均匀矩形栅格上,但仍然满足某种规则排布规律的阵列,则可根据其 UV 分布的具体特点采用对应的快速反演算法进行处理。

以交错 Y 形阵为例,其阵列排布和对应的 UV 分布如图 6.7 所示,Y 形阵的 UV 采样点虽不在均匀矩形栅格上,却形成了六角星形栅格结构。最简单的处理方式是利用插值方法将六角星形采样栅格变换到矩形采样栅格,但这样不仅

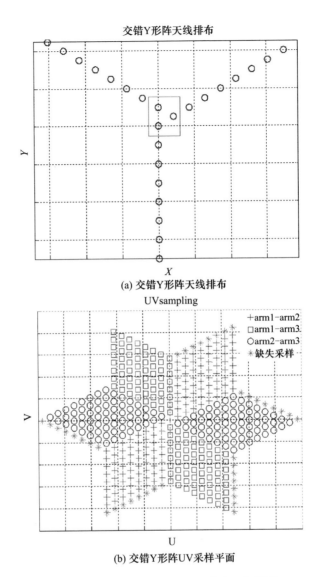

(a) 交错Y形阵天线排布

(b) 交错Y形阵UV采样平面

图6.7　交错 Y 形阵结构及 UV 分布(见彩图)

可能引入误差也没有充分利用六角星形采样的优势。

　　为此,Camps 提出针对 Y 形阵六角星形 UV 采样分布的 HFFT 方法[44,45]。HFFT 方法的基本原理是对六角星形 UV 采样数据进行周期延拓扩展,在新的坐标系下利用快速傅里叶变换完成反演运算。

　　阵列空频域采样点作为二维带限序列可以在二维平面选择合适的周期和方向进行扩展,空频域采样数据 $V(u,v)$ 的周期延拓过程在新的坐标系中可表示为

$$V(\boldsymbol{k}) = V(\boldsymbol{k} + N\boldsymbol{r}) \tag{6.26}$$

式中:$\boldsymbol{k} = (k_1, k_2)^{\mathrm{T}}$ 为空频域采样点在 $k_1 - k_2$ 坐标系中的坐标矢量;$\boldsymbol{N}$ 为周期扩展矩阵;$\boldsymbol{r} = (r_1, r_2)^{\mathrm{T}}$ 为整数矢量,表示周期延拓倍数。一个频谱周期内采样点数为矩阵 $\boldsymbol{N}$ 的行列式,记为 $\det(\boldsymbol{N})$。因此,根据实际阵列的无冗余采样点数 N_v 即可计算得到周斯扩展后需要补零的点数

$$N_{v_-} = \det(\boldsymbol{N}) - N_v \tag{6.27}$$

仍以交错 Y 形阵为例,将图 6.7(b) 所示的六角星形 UV 采样平面沿 Y 形阵的三条臂的方向扩展,$k_1 - k_2$ 坐标系和周期扩展后的 UV 采样平面如图 6.8 所示。

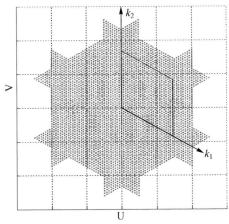

图 6.8　周期扩展后的空频域采样平面与 $k_1 - k_2$ 坐标系(见彩图)

需要特别指出的是周期扩展矩阵 $\boldsymbol{N}$ 的选择并不是唯一的,图 6.8 中交错 Y 形阵采用的延拓方法对应的周期扩展矩阵为

$$\boldsymbol{N} = \begin{bmatrix} N_{\mathrm{T}} & 0 \\ 0 & N_{\mathrm{T}} \end{bmatrix} \tag{6.28}$$

式中:$N_{\mathrm{T}} = 3N_{\mathrm{EL}} + 1$ 表示延拓周期,N_{EL} 为阵列每臂单元个数。由矩阵 $\boldsymbol{N}$ 的行列式 $\det(\boldsymbol{N}) = N_{\mathrm{T}}^2 = 9N_{\mathrm{EL}}^2 + 6N_{\mathrm{EL}} + 1$,交错 Y 形阵的无冗余采样点数

$$N_v = 6N_{\mathrm{EL}}^2 + 1 \tag{6.29}$$

可得采用 Camps 提出的周期延拓方法所需补零点数为 $N_{v_-} = 3N_{\mathrm{WL}}^2 + 6N_{\mathrm{EL}}$。

定义 $k_1 - k_2$ 坐标系的基矢量为 $\boldsymbol{x}_1 = N_{\mathrm{T}}d \cdot (0, 1)^{\mathrm{T}}$,$\boldsymbol{x}_2 = N_{\mathrm{T}}d \cdot (\sqrt{3}/2, -1/2)^{\mathrm{T}}$,$d$ 为阵元间距。在笛卡儿坐标系下若用 $(u_0, v_0)^{\mathrm{T}}$ 表示六角星形空频域采样点坐标,则周期延拓后的采样点坐标 $(u, v)^{\mathrm{T}}$ 可表示为

$$[u, v]^{\mathrm{T}} = [u_0, v_0]^{\mathrm{T}} + \boldsymbol{U} \cdot [r_1, r_2]^{\mathrm{T}} \tag{6.30}$$

其中

$$U = [\boldsymbol{x}_1, \boldsymbol{x}_2] \tag{6.31}$$

由于扩展后的空频域采样数据分布在 $k_1 - k_2$ 坐标系中的均匀矩形栅格上，因此通过构造 $[\boldsymbol{x}_1, \boldsymbol{x}_2]$ 的互易基可以分离傅里叶变换核，从而可以利用 FFT 运算实现从空频域采样点到空域亮温分布的快速反演。在空域建立 $n_1 - n_2$ 坐标系，定义其基矢量 $\boldsymbol{\Sigma} = [\boldsymbol{y}_1, \boldsymbol{y}_2]$ 且满足 $\boldsymbol{U}^{\mathrm{T}}\boldsymbol{\Sigma} = \boldsymbol{I}$，根据

$$\boldsymbol{\Sigma} = (\boldsymbol{U}^{\mathrm{T}})^{-1} \tag{6.32}$$

可得 $[\boldsymbol{x}_1, \boldsymbol{x}_2]$ 的互易基为：$\boldsymbol{y}_1 = 1/(N_{\mathrm{T}}/d) \cdot (1/\sqrt{3}, 1)^{\mathrm{T}}$，$\boldsymbol{y}_2 = 1/(N_{\mathrm{T}}/d) \cdot (2/\sqrt{3}, 0)^{\mathrm{T}}$。

采用 FFT 运算实现空频域到空域的变换时，笛卡儿坐标系中空频域和空域采样点坐标 (u,v)、(ξ,η) 可分别表示为

$$(u,v) = (\sqrt{3}/2 \cdot dk_1, d/2 \cdot (-k_1 + 2k_2)) \qquad k_1, k_2 = 0, \cdots, N_{\mathrm{T}} - 1$$

$$(\xi,\eta) = 1/(\sqrt{3}N_{\mathrm{T}}d) \cdot (n_1 + 2n_2), 1(N_{\mathrm{T}}/d) \cdot n_1) \qquad n_1, n_2 = 0, \cdots, N_{\mathrm{T}} - 1 \tag{6.33}$$

式中：(k_1, k_2)、(n_1, n_2) 分别为新的空频域坐标系和空域坐标系中采样点的坐标。根据公式(6.33)，FFT 变换后得到的空域采样点分布如图 6.9 所示。

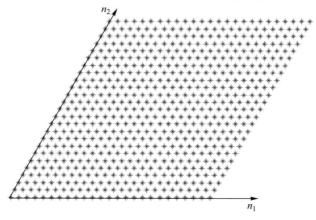

图 6.9　FFT 变换后的空域采样平面与 $n_1 - n_2$ 坐标系（见彩图）

简而言之，经过周期延拓扩展得到 $V(k_1, k_2)$ 后，可以在 (k_1, k_2) 坐标系下直接应用 FFT 算法重建亮温分布，重建公式如下：

$$T(n_1, n_2) = T(\xi(n_1, n_2), \eta(n_1, n_2))$$

$$= \frac{\sqrt{3}}{2}d^2 \sum_{n_1=0}^{N_{\mathrm{T}}-1} \sum_{n_2=0}^{N_{\mathrm{T}}-1} V(k_1, k_2) \exp[\mathrm{j}2\pi(u(k_1, k_2)\xi(n_1, n_2) + v(k_1, k_2)\eta(n_1, n_2))]$$

$$\tag{6.34}$$

$$= \frac{\sqrt{3}}{2}d^2 \sum_{n_1=0}^{N_{\mathrm{T}}-1} \sum_{n_2=0}^{N_{\mathrm{T}}-1} V(k_1, k_2) \exp\left[\mathrm{j}\frac{2\pi}{N_{\mathrm{T}}}(k_1 n_2 + k_2 n_1)\right]$$

重建后的亮温采样分布为图 6.9 所示的平行四边形,为了获得与视觉习惯一致的亮温重建分布,可以对平行四边形的数据结果进行平移,然后截取与观测六边形视场一致的区域进行显示,或是采用导易点阵方法直接将平行四边形中各数据点结果直接映射到六边形视场中的对应位置并进行显示。图 6.10 中给出了采用导易点阵方法输出的点目标成像结果。

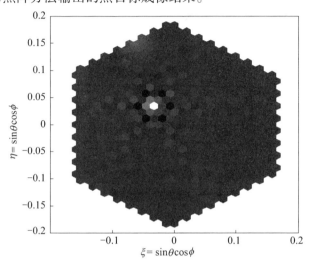

图 6.10　HFFT 法得到点目标成像结果

6.4.1.2　基于高斯核函数的 NUFFT 反演算法

对于 UV 采样点既不在规则栅格点上,分布也没有明显规律性的阵列形式,其反演问题可建模为非均匀离散傅里叶变换(NDFT)问题[46],其数学表达式为

$$F(k) = \frac{1}{N} \sum_{j=0}^{N-1} f_j e^{-ikx_j} \qquad (6.35)$$

式中:f_j 是非规则分布的空频域采样数据;$F(k)$ 是在均匀栅格点上分布的空域数据。式(6.35)中的问题称为第一类 NDFT 问题,即由不均匀分布的频域(空频域)采样计算标准网格分布的时域(空域)数据。直接根据式(6.35)进行 NDFT 计算的运算效率太低,为此提出了非均匀快速傅里叶变换(NUFFT)算法。

早期的 NUFFT 方法是采用极坐标网格采样[47]、螺旋采样等插值方法,将非均匀网格采样点插值到直角坐标下再进行快速傅里叶变换处理,以提高运算效率,但简单的插值方法往往导致较大的误差。Gridding 类型的 NUFFT 法是一种改进的网格化的方法,利用卷积核对非均匀的采样进行平滑,在改善插值效果的同时保留了其快速运算的特性[48-50]。

基于这一原理的综合孔径阵列 NUFFT 反演处理算法可写为如下数学形式：

$$T(\xi_{n_1},\eta_{n_2}) = \frac{\mathrm{IFFT}\{[[V_s(u_{k_1},v_{k_2}) \cdot C(u_{k_1},v_{k_2})] * \hat{\omega}(u,v)] \cdot W(u,v) \cdot S(u,v;u_{m_1},v_{m_2})\}}{\mathrm{IFFT}[\hat{\omega}(u,v) \cdot S(u,v;u_{m_1},v_{m_2})]}$$

式中：IFFT[·]为快速逆傅里叶变换，"＊"表示卷积运算；$T(\xi_{n_1},\eta_{n_2})$ 为反演后得到的亮温图像数据；$V_s(u_{k_1},v_{k_2})$ 为综合孔径阵列的非均匀离散 UV 采样点的数据，(u_{k_1},v_{k_2}) 是 UV 平面上非均匀采样点的坐标；$C(u_{k_1},v_{k_2})$ 为采样点数据的权重系数，也称为密度补偿因子；$\hat{\omega}(u,v)$ 为用于重采样的卷积核函数，NUFFT 反演算法中为实现快速离散卷积运算选择高斯函数作为卷积函数；$W(u,v)$ 为用于抑制亮温图像旁瓣的窗函数，可根据需要的旁瓣抑制水平进行选择或设计；$S(u,v;u_{m_1},v_{m_2})$ 为均匀网格采样函数，(u_{m_1},v_{m_2}) 为 UV 平面上经过卷积重采样后采样点的坐标。

可以看出，NUFFT 反演处理主要可分为三个部分：第一部分是对离散采样点 UV 采样值的密度补偿；第二部分是利用合适的卷积核函数完成快速离散卷积运算，利用 IFFT 得到亮温图像数据并完成去除卷积窗操作；第三部分是对 UV 采样数据进行加窗以抑制旁瓣。其中，重点问题是第一部分的密度补偿因子的计算和第二部分的快速离散卷积运算。

密度补偿因子可减少离散误差，其计算方法很多，典型方法是使用采样点对应小区域内的面积作为 $C(u_{k_1},v_{k_2})$ 的值。采样点区域面积的划分采用 Voronoi 图法，如图 6.11 所示。将综合孔径阵列在 UV 平面上的非均匀采样点作为一组给定的点，再通过 Voronoi 图就可将 UV 平面划分成若干个小区域，而每个小区域的面积则作为该采样点的密度补偿因子。

提高数据插值中离散卷积的运算效率是一个被广泛研究的数学问题，Greengard[51]对 Gridding 类型的 NUFFT 法做了进一步的改进，利用高斯核函数的分离特性避免了重复计算，提高了离散卷积运算的计算速度。下面仍以式(6.35)中提出的第一类 NDFT 问题为例，给出 NUFFT 处理过程以及其中的快速离散卷积运算具体原理。

将密度补偿后的 N 点非均匀采样频域数据记作 f_j，$(j=0,\cdots,N-1)$，其对应的连续函数表达式可写为

$$f(x) = \sum_{j=0}^{N-1} f_j \delta(x-x_j) \tag{6.36}$$

式中：$\delta(x)$ 为一维冲激函数；x_j 为频域中非均匀采样中第 j 点数据的坐标。

待求解的时域数据 $F(k)$ 分布在时域均匀栅格点上，求解过程中首先需将非

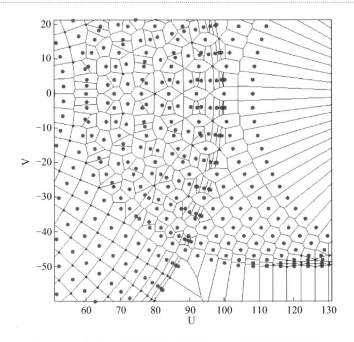

图 6.11　非均匀 UV 采样点及其 Voronoi 划分图(见彩图)

均匀采样频域数据 $f(x)$ 与一维周期高斯核函数 $g_\tau(x)$ 进行卷积运算

$$f_\tau(x) = f(x) * g_\tau(x) = \int_0^{2\pi} f(y) g_\tau(x-y) \mathrm{d}y \tag{6.37}$$

对卷积输出数据 $f_\tau(x)$ 进行傅里叶变换得到时域数据为

$$F_\tau(k) = \frac{1}{2\pi} \int_0^{2\pi} f_\tau(x) \mathrm{e}^{-ikx} \mathrm{d}x \tag{6.38}$$

高斯核函数 $g_\tau(x)$ 以及其傅里叶变换 $G_\tau(k)$ 的表达式为

$$g_\tau(x) = \sum_{l=-\infty}^{\infty} \mathrm{e}^{-(x-2l\pi)^2/4\tau} \tag{6.39}$$

$$G_\tau(k) = \sqrt{2\tau} \mathrm{e}^{-k^2\tau} \tag{6.40}$$

式中:参数 τ 的取值会影响高斯卷积核函数的分布形状,以及快速卷积运算的近似程度。

将式(6.38)中计算得到的时域数据 $F_\tau(k)$ 除以 $G_\tau(k)$ 可去除卷积窗影响,最终求解得到分布在均匀网格上的时域数据 $F(k)$,表达式为

$$F(k) = \sqrt{\frac{1}{2\tau}} \mathrm{e}^{k^2\tau} F_\tau(k) \tag{6.41}$$

从上面给出的 NUFFT 处理过程可知,经过式(6.37)的卷积运算后即可得

到分布在均匀网格上的频域离散数据,因此式(6.37)的离散表达形式可写为

$$f_\tau(2\pi m/M_r) = \sum_{j=0}^{N-1} f(x_j) g_\tau(2\pi m/M_r - x_j) \tag{6.42}$$

式中:M_r 表示频域均匀网格上重采样的点数($m = 1, 2, \cdots, M_r$)。

由于式(6.38)中的傅里叶变换可以用如下 FFT 方法实现快速运算

$$F_\tau(k) \approx \frac{1}{M_r} \sum_{m=0}^{M_r-1} f_\tau(2\pi m/M_r) e^{-ik2\pi m/M_r} \tag{6.43}$$

因此,基于高斯核函数的 NUFFT 方法的关键就在于如何提高式(6.42)中离散卷积的运算效率,将式(6.39)代入式(6.42)可得

$$f_\tau(2\pi m/M_r) = \sum_{j=0}^{N-1} f(x_j) \sum_{l=-\infty}^{\infty} e^{-(x_j - 2\pi m/M_r + 2l\pi)^2/4\tau} \tag{6.44}$$

为提高计算效率,根据高斯卷积核函数分布的尖峰状特点可将上式化简为

$$f_\tau(2\pi m/M_r) = \sum_{j=0}^{N-1} f(x_j) e^{-(x_j - 2\pi m/M_r)^2/4\tau} = \sum_{j=0}^{N-1} f(x_j) E_m(x_j) \tag{6.45}$$

式中

$$E_m(x_j) = e^{-(x_j - 2\pi m/M_r)^2/4\tau} \tag{6.46}$$

式中:$E_m(x_j)$ 的计算可利用高斯卷积核函数的性质进一步简化。假设 $2\pi m_j/M_r$ 为频域重采样均匀网格中离 x_j 最近的位置,考虑高斯卷积核函数的分布形状,可截取 x_j 附近的少数重采样点来近似计算 $E_m(x_j)$。令 $|m'| \leqslant M_{sp}$,将 $m = m_j + m'$ 代入式(6.46)中做变量代换,可得

$$E_m(x_j) \approx e^{-(x_j - 2\pi m_j/M_r)^2/4\tau} \left(e^{(x_j - 2\pi m_j/M_r)\pi/M_r\tau} \right)^{m'} e^{-(\pi m'/M_r)^2/\tau}$$

$$= E_1(x_j)(E_2(x_j))^{m'} E_3(m') \tag{6.47}$$

式中:扩散因子 M_{sp} 表示重采样点的截取范围,取值与高斯核函数形状以及精度要求有关[51]。

由于高斯卷积核的尖峰状分布,对于每个 x_j 只需考虑计算其附近 $2M_{sp}$ 个点的 $E_m(x_j)$ 值,利用预先计算好的 $E_1(x_j)$ 和 $E_2(x_j)$ 实现快速指数计算。将快速计算得到的 $2M_{sp}$ 点 $E_m(x_j)$ 数值代入式(6.45)进行乘加运算即可得到 $f_\tau(2\pi m/M_r)$,从而实现快速离散卷积运算。

简而言之,利用高斯卷积核函数可以提高离散卷积运算的运算效率,从而提高 NUFFT 方法的运算速度,可应用于非规则综合孔径阵列的 UV 采样反演问题。

图 6.12(a)中给出了 39 元均匀圆环阵的 UV 采样分布,利用 NUFFT 方法进行反演处理,选取扩散因子 $M_{sp} = 6$,得到的点目标成像结果如图 6.12(b)所示。

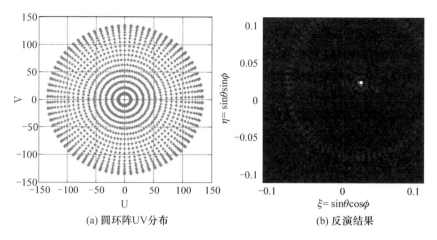

(a) 圆环阵UV分布　　　　(b) 反演结果

图 6.12 均匀圆环阵的 NUFFT 反演方法仿真结果(见彩图)

6.4.1.3 Tikhonov 正则化反演算法

数学上把求解反问题稳定近似解的方法称为正则化方法。Tikhonov 正则化是所有正则化方法中应用最普遍的一种方法,其概念源于俄罗斯数学家 Tikhonov 所提出的求解病态反问题的正则化方法,为处理反问题奠定了坚实而广泛的理论基础。

针对公式(6.25)中给出的综合孔径阵列系统观测过程离散模型,正则化方法就是要找出一个合适的逆算子 G_r,使得解可以表示为

$$T_r = G_r V \tag{6.48}$$

具体在 Tikhonov 正则化反演算法中则为求解一个亮温分布 T_r,使其在 $T \in E$ 上最小化 Tikhonov 泛函

$$\min_{\substack{T \in E \\ \mu \in R}} \| V - GT \|_F^2 + \alpha^2 \| T \|_E^2 \tag{6.49}$$

式中:α 称为正则化参数。显然,当 α 选取较大的值时,使得解的范数较小而剩余范数较大,当 α 选取较大的值时作用就相反。式(6.49)相当于求解欧拉方程

$$(G^* G + \alpha^2 I) T = G^* V \tag{6.50}$$

由于方阵 $(G^* G + \alpha^2 I)$ 是非奇异的,因此解 T_r 可以表示为

$$T_r = (G^* G + \alpha^2 I)^{-1} G^* V \tag{6.51}$$

当 $\alpha \to 0$ 时,Tikhonov 正则化解就逼近 Moore–Penrose 广义逆解。

Tikhonov 正则化的难点在于正则化参数 α 的选取,这不仅影响反演算法的收敛速度,而且影响能否收敛于问题的真实解。L 曲线法是一种相对较好的图形化方法,简单来讲就是根据 L 曲线上曲率最大的点的坐标来选择正则化

参数。

所谓 L 曲线是指以正则化解范数 $\eta(\alpha) = \| \boldsymbol{T}_r \|_E$ 为横坐标,以剩余范数 $\rho(\alpha) = \| \boldsymbol{V} - \boldsymbol{G}_k \boldsymbol{T} \|_F$ 为纵坐标,在直角坐标系中所构成的曲线图如图 6.13 所示,由于这一曲线在 $\lg - \lg$ 尺度时非常像字母 L,所以称为 L 曲线法。

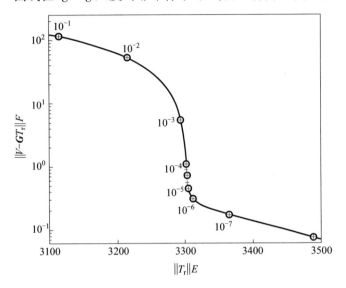

图 6.13　L 曲线示意图

Tikhonov 正则化不是单一地追求式(6.50)的最小化,而是在解范数和剩余范数之间取折中平衡,从而确定最合适的正则化参数 α。若 G 矩阵的奇异值分解为 $\boldsymbol{G} = \sum_i^m \boldsymbol{u}_i \sigma_i \boldsymbol{v}_i^T$,则对应于某个参数 α,解范数和剩余范数可以表达为

$$\eta(\alpha) = \| \boldsymbol{T}_r \|_E = \left\| \sum_i^m \frac{\boldsymbol{u}_i^T \boldsymbol{V} \sigma_i}{\sigma_i^2 + \alpha^2} \boldsymbol{v}_i \right\|_2 \tag{6.52}$$

$$\rho(\alpha) = \| \boldsymbol{V} - \boldsymbol{G} \boldsymbol{T}_r \|_F = \lambda^2 \left\| \left(\frac{\boldsymbol{u}_i^T \boldsymbol{V}}{\sigma_i^2 + \alpha^2} \right) \right\|_2 \tag{6.53}$$

从式(6.49)可以看出,当正则化参数 α 较大时,相当于给予解的范数较大的权,此时求得的解的范数 $\eta(\alpha)$ 变小,相应的剩余范数 $\rho(\alpha)$ 较大,就对应 L 曲线的水平部分;反之,当参数 α 较小时,$\eta(\alpha)$ 变大,相应的剩余范数 $\rho(\alpha)$ 变小,就对应 L 曲线的垂直部分。从直观上看,很自然地认为这条曲线的"拐点"处两个范数达到最佳平衡,则这一点的解应是最优的,所对应的 α 值也就是正则化参数的最佳选择。

因此,利用 L 曲线准则进行 Tikhonov 正则化处理的步骤总结如下:

(1) 对 G 矩阵进行奇异值分解;

（2）对一组正则化参数 α 求出对应的解范数 $\eta(\alpha)$ 和剩余范数 $\rho(\alpha)$；

（3）根据求出的 $\eta(\alpha)$ 和 $\rho(\alpha)$ 拟合 L 曲线，并求出 L 曲线的拐点；

（4）将拐点所对应的 α 值作为正则化参数代入式（6.51）计算出解 $\boldsymbol{T}_{\mathrm{r}}$。

6.4.1.4　TSVD 反演算法

Tikhonov 正则化从原理上可以理解为：通过引入一个满秩的良态系数矩阵来回避 G 矩阵的病态问题。另一类处理 G 矩阵病态性的方法是构造一个秩亏缺的良态系数矩阵，这就是截断奇异值分解（TSVD）的基本原理。

对 G 矩阵做奇异值分解

$$\boldsymbol{G} = \sum_{i}^{k} \boldsymbol{u}_i \sigma_i \boldsymbol{v}_i^{\mathrm{T}} \tag{6.54}$$

式中：m 为矩阵 $\boldsymbol{G}$ 的秩数；奇异值 σ_i 随着下标 i（$i \leqslant m$，m 表示矩阵 $\boldsymbol{G}$ 的秩数）的增加而逐渐趋近于零。TSVD 方法将小奇异值看作是由噪声引起，通过舍弃小奇异值来消除 G 矩阵的病态特性。构造一个秩亏缺的矩阵 $\boldsymbol{G}_k$，即

$$\boldsymbol{G}_k = \sum_{i=1}^{k} \boldsymbol{u}_i \sigma_i \boldsymbol{v}_i^{\mathrm{T}} \qquad k \leqslant m \tag{6.55}$$

式中：k 表示截断后保留的奇异值的最大编号。

当采用 $\boldsymbol{G}_k$ 代替 $\boldsymbol{G}$ 之后，TSVD 正则化方法相当于求解问题

$$\begin{cases} \min_{\boldsymbol{T} \in E} \| \boldsymbol{T} \|_E^2 \\ \min_{\boldsymbol{T} \in E} \| \boldsymbol{V} - \boldsymbol{G}_k \boldsymbol{T} \|_F^2 \end{cases} \tag{6.56}$$

这是求一个最小二乘问题的最小范数解，其解具有如下形式：

$$\boldsymbol{T}_{\mathrm{r}} = \sum_{i=1}^{k} \frac{1}{\sigma_i} \boldsymbol{v}_i \boldsymbol{u}_i^{\mathrm{T}} \boldsymbol{V} \qquad k \leqslant m \tag{6.57}$$

当 $k \to m$ 时，TSVD 解逼近 Moore – Penrose 广义逆解。TSVD 与 Tikhonov 正则化方法的区别在于，Tikhonov 方法是通过选择 α 来达到调节滤波的效果，而 TSVD 方法则是直接对高频分量进行截断。

同样的，TSVD 方法的难点也是正则化参数 k 的选取。在针对 MIRAS 综合孔径阵列的 TSVD 反演方法研究中发现，其最优正则化参数 k 等于阵列的基线数目。这也是容易理解的，因为阵列的测量过程可认为对空间采样进行了高频截断，其截止频率就对应于阵列最大基线长度。

图 6.14 中给出了 24 元交错 Y 形阵列对十字形目标的反演结果。

6.4.2　运动目标干涉测量方法

综合孔径目标探测处理方法的研究重点为运动小目标的检测问题。利用毫

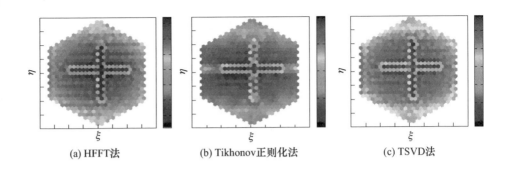

(a) HFFT法　　　　　(b) Tikhonov正则化法　　　　　(c) TSVD法

图 6.14　综合孔径交错 Y 形阵列反演结果(见彩图)

米波辐射成像的方式,可在场景亮温图像反演的基础上,依靠系统角度分辨力以及图像中目标与背景的亮温差异来检测目标。这一方式的关键点仍然是如何获得高分辨、高质量的毫米波辐射图像,可根据综合孔径阵列系统具体参数选择合适的反演成像算法。除以上方式之外,由于综合孔径辐射探测关注的往往是运动目标,因此可以利用目标运动会产生的多普勒频差现象实现运动目标探测[52-55]。

针对运动目标的干涉测量原理如图 6.15 所示。两天线之间干涉基线长度为 D,接收通道中心频率为 f_c,接收带宽为 B,远场目标辐射信号的入射角为 θ,双天线波程差对应时延为 $\tau = D\sin\theta / c$,c 是电磁波传播速度。

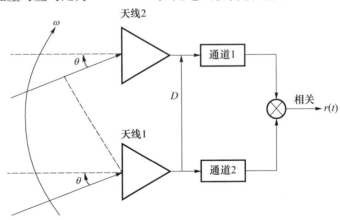

图 6.15　对运动目标的干涉测量原理图

根据 2.4.1 小节中讨论的干涉仪工作原理及式(2.45)可知,图 6.15 中双通道复相关输出响应可以写成

$$r(\theta) = A(\theta)\operatorname{sinc}\left(\pi B\frac{D\sin\theta}{c}\right)\mathrm{e}^{\mathrm{j}2\pi f_c\frac{D\sin\theta}{c}} \tag{6.58}$$

式中:$A(\theta)$ 为单元天线的方向图;$\operatorname{sinc}(\pi BD\sin\theta/c)$ 项为接收机带宽对应的带宽方向图;指数项是与目标信号入射角有关的相位。

若图 6.15 中目标以角速度 ω 做切向匀速运动,记 $\theta = \theta_0 + \omega t$,代入式(6.58)做变量替换后,可得

$$r(t) = \text{sinc}\left(\pi B \frac{D\sin(\theta_0 + \omega t)}{c}\right) e^{j2\pi f_c \frac{D\sin(\theta_0 + \omega t)}{c}} \qquad (6.59)$$

式中:假设单元天线主瓣内响应保持不变,因此省略了式(6.58)中的 $A(\theta)$ 项;$\varphi(t) = 2\pi f_c D\sin(\theta_0 + \omega t)/c$ 为与运动目标角度有关的相位项。

如果目标静止不动,角速度 $\omega = 0$,$\varphi(t) = 2\pi f_c D\sin\theta_0/c$ 为固定相位项,则对应互相关输出 $r(t)$ 不随时间变化,为零频直流信号;若目标在视场中运动,则相位响应 $\varphi(t)$ 会随时间变化,对相位求导可得互相关输出信号 $r(t)$ 的瞬时频率为

$$f_d = \frac{1}{2\pi} \frac{d\varphi(t)}{dt} \approx \frac{\omega D\cos\theta_0}{\lambda} \qquad (6.60)$$

式(6.60)要求目标运动所产生的角度变化量较小(满足 $\cos(\theta_0 + \omega t) \approx \cos\theta_0$ 的假设)。λ 为信号波长;f_d 为运动目标角速度对应的多普勒频差,单位为 Hz。

由式(6.60)可以看出,目标相对于干涉基线的角度运动会使得互相关输出信号产生频率偏移 f_d。f_d 的大小正比于目标的角速度 ω,频率正负与目标运动角度运动方向有关;f_d 还与基线长度、目标角度和信号波长有关,基线在目标方向上的投影长度 $D\cos\theta_0$ 越长、信号波长 λ 越短,目标角速度产生的频率偏移就越大,干涉基线的法线方向上 f_d 可取到最大值 $f_{dM} = \omega D/\lambda$。

显然,利用双通道对运动目标辐射信号进行干涉测量,可根据运动目标毫米波辐射信号的多普勒频差实现运动目标与静止背景的区分,以及目标运动角速度的测量。这一原理与雷达中对运动目标的多普勒检测以及电子侦察中的运动辐射源多普勒频差测量有相似之处,可称为运动目标毫米波辐射信号的多普勒效应。

运动目标毫米波辐射信号的双通道干涉测量实验场景如图 6.16 所示,双天线干涉基线长度 $D = 0.36\text{m}$,接收通道中心频率为 $f_c = 35\text{GHz}$。实验中两个工作人员在距离天线 8m 处以约 0.3m/s 的速度相向而行,运动时间为 8s。

对双通道干涉测量输出数据进行时频分析的结果如图 6.17 所示。

从图 6.17 中可以看出,运动目标在时频面上有明显的特征且多普勒频差峰值持续时间与目标运动时间长度一致,两个相向运动目标的多普勒频差大小相同、正负号相反,并与设置的目标运动速度(0.3m/s)一致。因此,毫米波辐射探测中可利用多普勒频差实现对运动目标的检测和角速度估计。

考虑干涉式阵列组成多对干涉基线对运动目标进行测量,以包含 M 个干涉基线的一维干涉式阵列为例,定义第 $m(m = 0, \cdots, M-1)$ 个基线长度为 $D_m = md$,对应的干涉测量互相关输出信号可以简写为

$$r(t, m) = e^{j2\pi md\sin\theta_0/\lambda} \cdot e^{j2\pi mf_d \cdot t} \qquad (6.61)$$

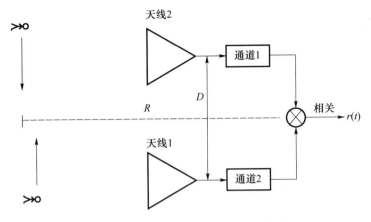

图 6.16 运动目标的干涉测量实验场景

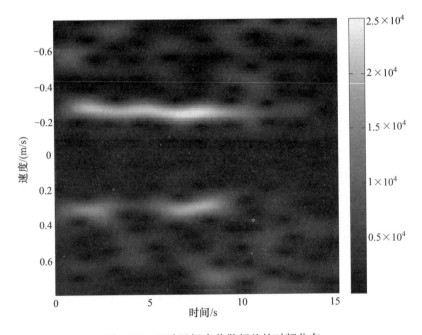

图 6.17 运动目标多普勒频差的时频分布

式中:$f_d = \omega d\cos\theta_0 / \lambda$,为运动目标角速度对应的多普勒频差;$r(t,m)$是目标角度 θ_0 和多普勒频差 f_d 的函数。由式(6.61)可以看出,对干涉式阵列辐射测量输出的信号 $r(t,m)$ 进行多普勒分析和测向处理,可获得运动目标在多普勒和角度二维平面上的分布,实现运动目标探测。

与基于毫米波辐射图像的目标检测方式相比,利用多普勒频差的毫米波辐射运动目标探测增加了多普勒频率维度的分辨力,可以更好地实现运动目标和静止背景的区分,对于处于同一个角度分辨单元的多个运动目标也有望利用其角速度不同加以区分。同时,也可以解决高分辨力综合孔径辐射成像系统对运动目标探测时会面临的目标运动跨像素单元的问题。

6.4.3　综合孔径系统定标方法

理想情况下,综合孔径辐射探测系统测量得到的可见度函数与场景亮温空间分布严格满足傅里叶变换关系,利用傅里叶变换便可以无偏差的完全重建场景亮温图像。然而实际中由于系统硬件的非理想性会引入系统误差(比如通道之间的不一致性、消条纹函数、单元天线之间互耦以及本振热噪声等因素),会导致上述关系不可能严格成立。因此,要想获得场景亮温空间分布的准确估计,必须对综合孔径探测系统进行校正定标,建立亮温分布与系统测量量之间的准确对应关系,这正是校正定标工作要完成的任务。

综合孔径辐射探测系统定标与实孔径辐射计定标方法相比虽然原理类似,但由于实际的综合孔径系统为多通道阵列系统,需要同时完成系统误差校正和系统定标,因此定标校正方法更为复杂。现有的综合孔径辐射探测系统校正定标方法主要有空域 G 矩阵法[56]和复谱频域法[57]。空域 G 矩阵法属于"整体"定标方法,其核心是利用标准源测量得到系统输入输出的定量关系式,完成对综合孔径整个系统的定标校正。空域 G 矩阵法不需要单独考虑天线、接收通道等误差的定标校正,相对简单。复谱频域法属于"局部"定标方法,需要对天线、接收通道等误差进行单独的测量和定标,其基本原理是利用相关和非相关噪声源,对综合孔径阵列系统中影响傅里叶变换成像关系的各类误差进行标定。

下面对这两种系统校正定标方法进行详细介绍。

6.4.3.1　空域 G 矩阵法

为了方便论述,这里重新给出二维综合孔径辐射探测系统的输入 – 输出(可见度数据 – 亮温图像)关系式

$$V_{kj} = \iint\limits_{\xi^2 + \eta^2 \leqslant 1} T_{kj}(\xi, \eta) \cdot r_{kj}\left(-\frac{u\xi + v\eta}{f_0} \right) \cdot e^{-j2\pi(u\xi + v\eta)} \mathrm{d}\xi \mathrm{d}\eta \qquad (6.62)$$

式中

$$T_{kj}(\xi, \eta) = \frac{T_{\mathrm{B}}(\xi, \eta)}{\sqrt{1 - \xi^2 - \eta^2}} \cdot F_{nk}(\xi, \eta) \cdot F_{nj}^*(\xi, \eta) \qquad (6.63)$$

式中:$T_{kj}(\xi, \eta)$ 为修正的辐射亮温分布;$T_{\mathrm{B}}(\xi, \eta)$ 为场景的辐射亮温分布;$F_{nk}(\xi, \eta)$ 为归一化的天线辐射方向图;$(\xi, \eta) = (\sin\theta\cos\varphi, \sin\theta\sin\varphi)$ 为相对于天线平面(即 x-y 平面)的方向余弦;$u = (x_k - x_j)/\lambda$,$v = (y_k - y_j)/\lambda$,(x_k, y_k),(x_j, y_j) 分别表示天线 k,j 在 x-y 平面上的坐标;$r_{kj}(\cdot)$ 为消条纹函数。

空域 G 矩阵法将式(6.62)、式(6.63)中除亮温 $T_B(\xi,\eta)$ 之外的所有影响因子统一归结为综合孔径辐射探测系统的系统响应,写成离散矩阵方程为

$$
\begin{bmatrix} V_1 \\ V_2 \\ \vdots \\ V_N \end{bmatrix} = \begin{bmatrix} G_{11} & G_{12} & \cdots & G_{1M} \\ G_{21} & G_{22} & \cdots & G_{2M} \\ \vdots & \vdots & \vdots & \vdots \\ G_{N1} & G_{N2} & \cdots & G_{NM} \end{bmatrix} \begin{bmatrix} T_1 \\ T_2 \\ \vdots \end{bmatrix} \tag{6.64}
$$

式中:V_N 为综合孔径辐射探测系统第 N 对基线测量得到的可见度数据($N=1$,$2,\cdots,N$);T_M 为系统视场范围内场景第 M 像素点的辐射亮温($M=1,2,\cdots,M$)。通常要求亮温图像反演点数约为可见度函数采样个数的三倍左右。

根据式(6.64)所示模型,通过将一个标准源放在系统视场范围内对应场景第 j 像素点位置,测量得到综合孔径辐射探测对应的可见度数据,根据输入、输出可以得到系统响应元素 G_{nM}。移动标准源重复以上测量过程直至得到系统 G 矩阵的所有元素,从而完成对整个综合孔径辐射探测的校正定标。根据测量得到的系统 G 矩阵以及可见度数据 V,就可以得到探测场景的辐射亮温分布 $T=G^{-1}V$。

可以看出,空域 G 矩阵法属于"外"定标方法,可以对整个成像系统的状态作完整、准确的定标。但是该方法的外部标准点目标源很难得到,利用自然目标如太阳、月亮及星系或者地面目标源等由于背景噪声的复杂交错难以把握,增加了定标的难度。其次,综合孔径辐射探测系统 G 矩阵的元素很多,尤其是二维 G 矩阵,这就要求在天线方向图的不同空间位置上都要进行定标测量,这是一个非常费时费力的过程,因此这一方法在实际应用中受到一定限制。

6.4.3.2 复谱频域法

与空域 G 矩阵法不同,复谱频域法属于"内"定标方法,即对综合孔径辐射探测系统部件,尤其是接收通道引入的幅度和相位误差进行校正及定标。

下面以 MIRAS 二维综合孔径辐射探测系统为例对复谱频域定标方法进行介绍。MIRAS 系统定标校正原理如图 6.18 所示。

综合孔径辐射探测系统接收通道引入的误差主要来自以下几部分:由接收机通道间的互耦所导致的系统偏置误差;由接收机通道器件(如移相器、本振源等)不理想所引入的正交相位误差;由接收机通道响应不一致以及消条纹函数所导致的可见度函数幅度的消减。考虑以上误差因素的影响,接收通道 k、j 实际测量得到的可见度函数 μ_{kj} 表示为

$$
\begin{pmatrix} \mu_{kj}^r \\ \mu_{kj}^i \end{pmatrix} = A_{kj} \boldsymbol{Q} \begin{pmatrix} V_{kj}^r \\ V_{kj}^i \end{pmatrix} + \begin{pmatrix} \mu_{kj}^{r\_offset} \\ \mu_{kj}^{i\_offset} \end{pmatrix} \tag{6.65}
$$

式中:μ_{kj}^r、μ_{kj}^i 分别表示实际测量得到的可见度函数 μ_{kj} 的实部和虚部,V_{kj}^r、V_{kj}^i 分别

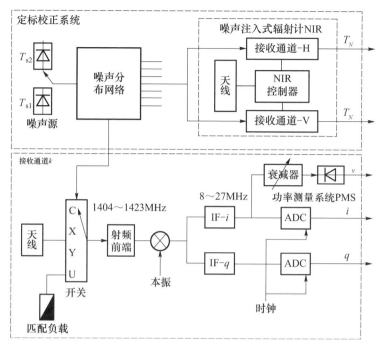

图 6.18　MIRAS 系统定标校正原理[56]

表示理想无误差情况下的可见度函数 V_{kj} 的实部和虚部,对 V_{kj} 进行傅里叶变换可得到探测场景的辐射亮温分布,A_{kj} 表示幅度误差因子,其值主要由 k 、j 接收通道响应不一致及与基线有关的消条纹函数决定,$\mu_{kj}^{\text{r\_offset}}$ 和 $\mu_{kj}^{\text{r\_offset}}$ 是系统通道间互耦所引入的偏置误差,Q 是接收通道引入的正交相位误差矩阵,其表达式为

$$Q = \begin{bmatrix} \cos\left(\dfrac{\theta_{qk} - \theta_{qj}}{2}\right) & \sin\left(\dfrac{\theta_{qk} - \theta_{qj}}{2}\right) \\ -\sin\left(\dfrac{\theta_{qk} + \theta_{qj}}{2}\right) & \cos\left(\dfrac{\theta_{qk} + \theta_{qj}}{2}\right) \end{bmatrix} \tag{6.66}$$

式中:θ_{qk} 、θ_{qj} 分别是 k 、j 接收通道的正交相位;$\theta_{qk} = -\arcsin(\mu_{kk}^{\text{qi}})$,$\mu_{kk}^{\text{qi}}$ 表示 k 接收通道 I、Q 两路的相关数据。

　　基于式(6.65)模型,复谱频域法通过对相关/非相关噪声源的辐射测量,可以实现对接收通道相位误差、幅度误差以及系统偏置误差的校正,得到修正后的"标定可见度函数" V_{kj} 。

　　MIRAS 系统校正定标时首先将射频前端的开关切换至"C"——校正模式,利用接收前端对噪声源 T_{s1} 和 T_{s2} 注入通道的相关噪声信号进行互相关数据测量后,根据式(6.67)进行正交误差校正,得到校正后的可见度输出 M_{kj} :

$$M_{kj} = \frac{1}{\cos\theta_{qk}}(\text{Re}[M_1\mu_{kj}] + j\text{Im}[M_2\mu_{kj}])$$

$$M_1 = \cos((\theta_{qk} + \theta_{qj})/2) + j\sin((\theta_{qk} + \theta_{qj})/2)$$
$$M_2 = \cos((\theta_{qk} - \theta_{qj})/2) + j\sin((\theta_{qk} + \theta_{qj})/2) \tag{6.67}$$

其中，$\mu_{kj} = \mu_{kj}^{ii} + j\mu_{kj}^{qi}$ 表示第 k、j 接收通道的复相关测量数据。

同时，利用定标过的噪声注入辐射计（NIR）对噪声源 T_{s1} 和 T_{s2} 的辐射亮温进行测量，其中噪声注入辐射计的定标是通过测量匹配负载以及冷空实现。利用功率测量系统（PMS）测量 T_{s1} 和 T_{s2} 对应的输出电压，在此基础上根据下列定标方程即可完成对接收通道系统温度 T_{sysk} 的定标，即

$$T_{sysk} = \frac{T_N(2) - T_N(1)}{v_k(2) - v_k(1)} \frac{|S_{k0}|^2}{|S_{N0}|^2}(v_k - v_{offk}) \tag{6.68}$$

式中：v_{offk} 为功率测量系统输出电压偏移，可通过可变衰减器估计得到；$T_N(\cdot)$ 表示噪声注入辐射计测量相关噪声源得到的辐射亮温；$v_k(\cdot)$ 表示功率测量系统对相关噪声源的测量输出电压；S_{k0} 为噪声分布网络输入到接收通道 k 的 S 参数，S_{N0} 为噪声分布网络输入到 NIR 的 S 参数。

幅度误差因子 A_{kj} 同样利用对噪声源 T_{s1} 和 T_{s2} 测量的互相关数据估计：

$$A_{kj} = \frac{\sqrt{T_{sysk}(2)T_{sysj}(2)}M_{kj}(2) - \sqrt{T_{sysk}(1)T_{sysj}(1)}M_{kj}(1)}{\dfrac{S_{k0}S_{j0}^*}{|S_{N0}|^2}[T_N(2) - T_N(1)]} \tag{6.69}$$

最后，对所有接收通道注入非相关噪声（"U"通道）测量由本振以及噪声分布网络生成的热噪声而产生的系统偏置误差，得到修正后的"标定可见度函数"

$$V_{kj} = \sqrt{T_{sysk}T_{sysj}}\frac{M_{kj}}{A_{kj}} \tag{6.70}$$

对修正后的"标定可见度函数"V_{kj} 进行 FFT，便可得到测量场景区域的亮温图像。有关 MIRAS 系统定标方案的详细介绍可以参考相关文献[58-61]。

需要注意的是复谱频域定标方法主要针对接收通道校正定标，并没有考虑天线方向图对复可见度输出的影响。由于天线方向图在短时间内的偏差和变化很小，可提前在地面对天线阵列方向图进行远场测量以用于复可见度数据修正。

总之，空域 G 矩阵法和复谱频域法这两种综合孔径辐射探测系统定标校正方法各有优缺点，实际应用中需要根据系统的实际情况来选择。另外，对于一些关注目标与背景相对亮温差值而非测量场景绝对亮温值的毫米波辐射探测应用，可针对系统误差校正与温度分辨力标定问题来设计系统定标校正方案。

6.5 综合孔径辐射探测系统实例

在前述几节对综合孔径辐射探测系统工作原理、系统组成和处理方法介绍

的基础上,本节将以机载综合孔径辐射探测系统 ESTAR 和星载综合孔径辐射探测系 MIRAS 为实例,对典型的一维、二维综合孔径辐射探测系统方案分别进行分析介绍。

6.5.1　机载一维综合孔径系统

ESTAR 系统[62]是世界上第一台采用干涉式综合孔径阵列技术的机载一维综合孔径微波辐射计,由美国 NASA 空间飞行中心研制,主要应用于被动微波遥感中的土壤含水量以及海洋含盐量的测量。由于土壤含水量的测量需要较长的波长穿透土壤和植被,因此 ESTAR 系统工作频段选择 L 波段(1.4GHz),系统主要技术参数汇总如表 6.3 所列。

表 6.3　ESTAR 系统的主要技术参数

工作频段	L 波段(1.4GHz)
系统带宽	27MHz
极化方式	水平极化
空间分辨力	交轨方向:8° 顺轨方向:16°

ESTAR 系统阵列方案主要是据机载平台尺寸大小以及空间分辨力要求等因素确定,采用一维综合孔径阵列与二维综合孔径阵列(即顺轨和交轨方向都采用稀疏天线阵列)相比,可显著降低系统复杂度。ESTAR 系统阵列方案如图 6.19 所示,采用 5 个杆状单元天线在交轨方向上组成一维综合孔径阵列,5 个杆状单元天线之间的间距均为半波长的整数倍(单元天线位置为 $n\lambda/2$,$n=0,1,3,6,7$)。每个杆状单元天线又是由 8 个偶极子天线组成的均匀线阵。

ESTAR 系统在顺轨方向(沿飞机运动方向)上利用杆状单元天线长孔径方向上的真实窄波束(大约8°)实现所需的分辨力,在交轨方向(垂直于飞机运动方向)则采用综合孔径技术获得所需的窄波束(大约4°),利用推扫方式实现对探测区域的二维成像。

图 6.20(a)给出了 ESTAR 系统在交轨方向上两个杆状单元天线的信号接收处理流程,天线接收到的信号经射频前端滤波、放大、混频后送入相关器处理,其中射频前端输出中频信号分为两路(频率分别为 113.5MHz、143.5MHz),每路中频信号带宽为 27MHz,组成框图如图 6.20(b)所示。

由于在 ESTAR 系统研制时数字相关技术还不成熟,ESTAR 系统相关器采用了模拟加法相关器方案,原理如图 6.20(c)所示。两路中频输入信号频率分别为 113.5MHz、143.5MHz,经过合路器相加后通过平方律检波器和通带为 30MHz 的带通滤波器实现乘法运算,在此基础上利用本振为 30MHz 的正交解调器即可输出 I、Q 两路基带数据,从而实现双通道信号的复相关计算。

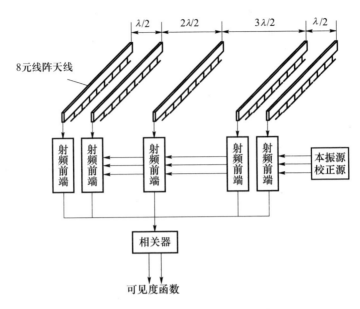

图 6.19　ESTAR 系统阵列处理方案

　　由于实际测量中系统误差的影响,导致直接对系统相关输出数据做傅里叶变换无法准确得到探测场景的辐射亮温分布图像。因此,必须对系统进行校正定标,以消除误差的影响。

　　ESTAR 系统采用参考源注入式校正和空域 G 矩阵法实现系统误差校正和标定。ESTAR 系统内部注入式校正方案如图 6.20(a)所示,通过周期性向射频通路注入 1.413GHz 的内部参考源,可以完成对 ESTAR 系统射频接收通道增益的校正。对于其他误差(如接收通道引入的相位误差、单元天线之间互耦以及本振热噪声等)的影响,ESTAR 系统采用空域 G 矩阵法实现系统误差校正及定标。

　　由于 ESTAR 系统采用一维综合孔径阵列,采用 G 矩阵法校正定标操作简单有效,在获得系统响应矩阵后对系统测量数据进行反演处理,便可得到观测场景的辐射亮温图像。图 6.21 中给出经过校正定标后 ESTAR 系统对 SanLuis 水库的一维成像结果(实线表示),虚线表示水面辐射亮温理论值(水面辐射率乘以其物理温度)。

　　由上图可以看出,ESTAR 系统在 ±40° 入射角范围内的测量值与理论值基本吻合,证明经过校正定标后 ESTAR 系统成像反演结果的准确性。

6.5.2　星载二维综合孔径系统

　　MIRAS 综合孔径微波辐射计是具有里程碑意义二维综合孔径阵列系统,作为欧空局研制的土壤湿度和海水盐度(SMOS)任务卫星的唯一载荷,已于 2009 年 11 月 2 日成功发射升空,采用综合孔径辐射观测技术和全极化辐射测量技

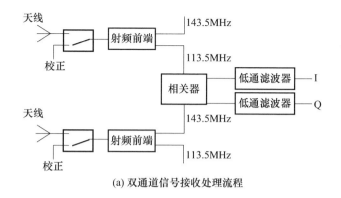

(a) 双通道信号接收处理流程

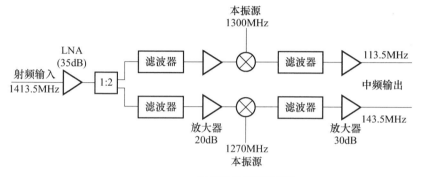

(b) 射频前端原理框图

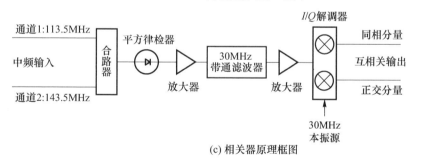

(c) 相关器原理框图

图 6.20 ESTAR 系统接收前端与相关器原理

术,具有全天时、全天候的对地观测能力,是土壤湿度探测和海洋观测的重要微波遥感仪器。

MIRAS 系统采用 Y 型二综合孔径阵列,在系统规模、处理方案和系统校正定标方面要远远复杂于一维阵列,系统主要技术参数如表 6.4 所列,整个系统含 69 个天线、66 个轻量化低功耗接收前端(LICEF)、3 个噪声注入辐射计(NIR)以及约 5000 个数字相关器,是目前复杂程度最高的综合孔径辐射计系统。

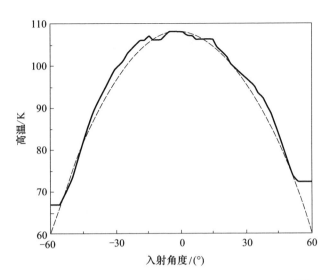

图 6.21　ESTAR 系统对 SanLuis 水库的一维成像结果[62]

表 6.4　MIRAS 系统主要技术参数[58]

天线阵列	Y 型二维稀疏天线阵
入射角度	0° ~ 55°
工作频率	1.413GHz
极化方式	双极化和全极化
灵敏度	0.8 ~ 2.2K
精度	<3K
质量	175kg
功耗	220W

图 6.22 给出了 MIRAS 系统结构组成以及实物照片。系统中心位置处是系统控制处理平台,包含 12 个接收前端,3 个噪声注入辐射计,3 个监控节点(CMN),以及相关器与主控单元(CCU)。其中,接收前端用于微波辐射信号的接收变频处理,噪声注入辐射计用于接收前端的亮温定标,监控节点主要是为接收前端提供本振以及电源。

与系统控制处理平台相连的三条阵臂展开长度均为 4m,间隔 120° 呈 Y 字形排列。每条阵臂又分为 3 段可利用铰链机构进行展开和收缩,每段中的设备功能和组成结构全部一致。

MIRAS 系统阵臂上任意一段的设备主要包含 6 个接收前端和 1 个监控节点,组成如图 6.23 所示。每个接收前端具有四个功能模式,通过四端单掷开关来切换功能,"C"和"U"是用于系统定标校正,"H"和"V"用于(水平和垂直极化)接收天线输入信号。由于 MIRAS 系统需要利用 X 波段发射器将数据回传

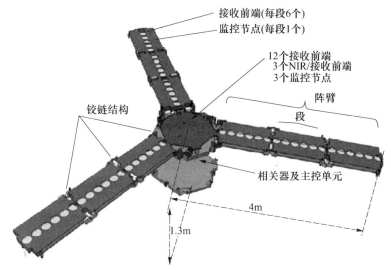

接收前端(每段6个)
监控节点(每段1个)
12个接收前端
3个NIR/接收前端
3个监控节点
阵臂
段
铰链结构
相关器及主控单元
4m
1.3m

(a) MIRAS系统结构组成

(b) MIRAS系统实物照片

图 6.22　MIRAS 系统组成及实物照片[58](见彩图)

至地面,因此在射频前端的低噪放之前加入 X 波段滤波器以抑制射频干扰。在本振源输出端增加了功率控制电路和高通滤波器,以保证输入至变频通道本振信号功率稳定,并抑制本振源产生的热噪声。此外,MIRAS 系统中还安装了温控模块以确保接收通道增益的稳定性,减少温度对接收通道的影响。

　　MIRAS 系统进行场景观测时,首先由接收通道对天线输入的微波辐射信号进行滤波、放大和混频处理后,输出 I、Q 两路中频模拟信号至 A/D 供采集量化,另外将 I 路中频模拟信号功分一路送入功率测量设备(PMS)用于接收通道定标校正。利用多通道 A/D 将阵列接收机的中频信号以 55.84MHz 的采样速率进行单比特量化,通过光纤将采集的数据传输至相关器与主控单元 CCU 进行两两复相关处理,最终输出系统反演处理所需的可见度数据。相关器测量得到的可

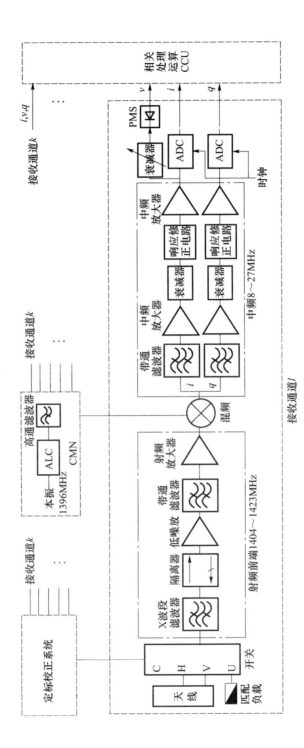

图6-23　MIRAS系统接收处理框图

见度数据和 PMS 测量得到的功率监测数据均保存在 CCU 的存储器中。欧空局信息处理中心利用数传链路将数据下载至地面处理器后,对可见度数据进行校正和反演处理得到观测场景的亮温图像。

总之,通过对 ESTAR 和 MIRAS 这两个典型系统的分析介绍,希望能够加深读者对综合孔径辐射探测系统基本原理、系统组成和处理方法等方面的认识,同时也为相关应用领域中的综合孔径辐射探测系统设计提供借鉴和参考。

参考文献

[1] 约翰克劳斯.天线[M].3 版.章文勋,译.北京:电子工业出版社,2011.

[2] Thompson A R,Moran J M,Swenson Jr. G W. Interferometry and Synthesis in Radio Astronomy[M]. WILEY – VCH,2004.

[3] 杰夫瑞 A 南泽.微波毫米波安防遥感技术[M].苗俊刚,胡岸勇,等译.北京:机械工业出版社,2015.

[4] 李兴国,李跃华.毫米波近感技术基础[M].北京:北京理工大学出版社,2009.

[5] 何方敏,李青侠,陈柯.综合孔径辐射计可见度采样测量不确定度估计[J].遥感技术与应用,2013(3):481 – 487.

[6] 吴季,刘浩,阎敬业,等.干涉式被动微波成像技术[J].遥感技术与应用,2009(01):1 – 12.

[7] Moffet A T. Minimum – redundancy linear arrays[J]. IEEE Transactions on Antennas and Propagation,1968,16(2):172 – 175.

[8] Blanton K A,McClellan J H. New search algorithm for minimum redundancy linear arrays[C]. Atlanta,USA:IEEE International Conference on Acoustics Speech and signal processing,1991:1361 – 1364.

[9] Ruf C S. Numerical annealing of low – redundancy linear arrays[J]. IEEE transactions on Antennas and Propagation,1993,41(1):85 – 90.

[10] Ishiguro M. Minimum redundancy linear arrays for a large number of antennas[J]. RadioSci,1980(15):1163 – 1170.

[11] Wichmann B. A note on restricted difference bases[J]. J. London math. Soc. 1963(38):465 – 466.

[12] KoPilovieh L E. Minimization of the number of elements in large radio interferometers[J]. R. Astron. Soc. 1995:544 – 546.

[13] Leech J. On the representation of 1,2,…,n by differences[J]. London math. Soc. ,1956,(31):160 – 169.

[14] 胡岸勇,苗俊刚.一种低冗余二维综合孔径辐射计天线阵列布局[J].微波学报,2010,08(26):27 – 33.

[15] 董健.综合孔径微波辐射计天线阵排列优化研究[D].武汉:华中科技大学,2010.

[16] 董健,施荣华,郭迎,等.基于量子微粒群的综合孔径圆环阵排列方法[J].电波科学学

报,2012,02:233 – 421.

[17] Thompson A R,Emerson D T,Schwab F R. Convenient formulas for quantization efficiency [J]. Radio Science,2007,42(3):458 – 462.

[18] Piepmeier J R,Gasiewski A J,Almodoval J E. Advances in microwave digital radiometry[C]. Honolulu,USA:Proceedings of IEEE International Geoscience and Remote Sensing Symposium,2000,7:2830 – 2833.

[19] 苗俊刚,郑成,胡岸勇,等.被动毫米波实时成像技术[J].微波学报,2013,29(05 – 06): 108 – 109.

[20] Camps A. Application of interferometric radiometry to earth observation[D]. Catalonia:Polytechnic University of Catalonia,1996.

[21] 赵峰,苗俊刚,胡岸勇,等.二维综合孔径微波辐射计误差分析[J].微波学报,2008.10 (24):197 – 201.

[22] Torres F,Camps A,Bara J,et al. On board phase and module calibration of large aperture synthesis radiometer study applied to MIRAS[J]. IEEE transaction on Geoscience and Remote Sensing 1996,34(4):1000 – 1009.

[23] Butora R,Matin – Neira M,Rivada – Antich A L. Fringe – washing function calibration in aperture synthesis microwave radiometry[J]. Radio Science,2003,38(2):1 – 15.

[24] Kainulainen J,Rautiainen K,Hallikainen M. Experimental verification of fringe washing calibration techniques in large aperture synthesis radiometer[J]. IEEE Micro. Rad. ,2006:13 – 17.

[25] 靳榕,李青侠.低信噪比的接收通道阵列幅相误差校正方法[J].微波学报,2010.07 (26):68 – 82.

[26] 赵峰,万国龙,胡岸勇,等.综合孔径辐射计中幅度误差校正方法研究[J].微波学报. 2009.10(25):84 – 87.

[27] Brown M A,Torres F,Corgella I,et al. SMOS calibration[J]. IEEE transaction on Geoscience and Remonte Sensing 2008,46(3):464 – 476.

[28] Tanner A B. Aperture synthesis for passive microwave remote sensing the electronically scanned thinned array radiometer[D]. Amherst department of electronics and computer engineering of university of massachusetts,1990.

[29] Torres F. Analysis of array distortion in a microwave interferometric radiometer:application to the GeoSTAR project [J]. IEEE Trans Geoscience Remote Sensing, 2007. 07 (45): 1958 – 1966.

[30] 贺锋,魏文俊,陈柯等.综合孔径辐射计阵列中天线位置误差模型及其校正方法[J].微波学报 2014.02(30):10 – 14.

[31] 徐慨,朱光喜,黄全亮.一种新的综合孔径辐射计误差校正方法.微波学报[J]. 2010.02 (26):87 – 96.

[32] Ruf C S,Swift C T,Taner A B,et al. Interferometric synthetic aperture Microwave radiometry for the remote sensing of the Earth[J]. IEEE Trans. ,Geosci. Remote Sensing,1988,26(5):

597 - 611.

[33] 何方敏.综合孔径微波辐射成像统计反演方法研究[D].武汉:华中科技大学,2010.

[34] 刘继军.不适定问题的正则化方法及应用[M].北京:科学出版社,2005.

[35] Camps A,Bara J,Torres F,et al. Extension of the CLEAN technique to the Microwave imaging of continuous thermal sources by means of aperture synthesis radiometers[C]. in:Progress In Electromagnetics Research Symposium,1998,18:67 - 83.

[36] Tanner A B,Swift C T. Calibration of a Synthetic Aperture Radiometer[J]. IEEE Trans Geosei. Remote Sensing,1993,31(1):257 - 267.

[37] 胡岸勇,苗俊刚,薛勇,等.BHU - 2D 干涉综合孔径微波辐射计反演算法研究[J].微波学报,2009,04(25):87 - 91.

[38] 晁坤,陈后财,赵振维等.综合孔径辐射计反演成像算法研究[J].电波科学学报,2011,10(26):881 - 887.

[39] Lannes A,Anterrieu E,Bouyoucef K. Fourier interpolation and Reconstruction via Shannon type techniques:Partl:Regularization Principle[M]. J. Modem OPt. ,1994,41(8):1537 - 1574.

[40] Lannes A,Anterrieu E,Bouyoucef K. Fourier interpolation and Reconstruction via Shannon type techniques:Part Ⅱ:Technical developments and applications[M]. J. Modern OPt,1996,43(1):105 - 138.

[41] Bertero M,Boccacci P. Introduction to Inverse Problems in Imaging[M]. 1st ed. London,U. K. :Inst. Phys. ,1998.

[42] Gaikovieh K P,Zhilin A V. Tikhonov's algorithm for two - dimensional image retrieval[C]. Kharkov,Ukraine:MMET Conference Proceedings. 1998:622 - 624.

[43] Bruno P,Eric A. Comparision of regularized inversion methods in synthetic aperture imaging radiometry[J]. IEEE trans. Geoscience and remote sensing,2005,02(43):218 - 224.

[44] Mersereau R M. The processing of Hexagonally sampled two - demensional signals[J]. Proceedings of the IEEE,1979,67(6):930 - 949.

[45] Anterrieu E,Waldteufel P,Lannes A. Apodization functions for 2 - D hexagonally sampled synthetic aperture imaging radiometers[J]. IEEE Transactions on Geoscience and Remote Sensing,2002,40(12):2531 - 2542.

[46] 薛会,张丽,刘以农.非标准快速傅里叶变换算法综述[J].CT 理论与应用研究 201019(3):33 - 46.

[47] Averbuch A. Coifman R R. Fast and accurate Polar Fourier transform [J]. Science direct Appl. Comput. Harmon. Anal,21:145 - 167.

[48] Fessler J A,Sutton B P. Nonuniform fast Fourier transforms using min - max interpolation[J]. IEEE Transactions on Signal Processing. 2003,51(2):560 - 574.

[49] 张成.干涉式成像微波辐射计遥感图像的模拟与成像分析[D].北京:中国科学院,2007.

[50] 丰励.非均匀采样综合孔径辐射计亮温反演方法研究[D].武汉:华中科技大学,2014.

[51] Greengard L,Lee J – Y. Accelerating the nonuniform fast Fourier transform[J]. SIAM Rev. , 2004,46(3):443 – 454.

[52] Nanzer J A. Microwave and Millimeter – Wave Remote Sensing for Security Applications[M]. ARTECH HOUSE,2012.

[53] Nanzer J A. Millimeter – wave Interferometric Angular Velocity Detection[J]. IEEE Trans. on Microwave Theory and Techniques,2010(58):4128 – 4136.

[54] Nanzer J A,Rogers R L. A Ka – band Correlation Radiometer for Human Presence Detection from a Moving Platform[C]. Honolulu, HI, USA:2007 IEEE/MTT – S International Microwave Symposium,2007:385 – 388.

[55] Nanzer J A. Human presence detecting using millimeter – wave radiometry[J]. IEEE Trans. On microwave theory and techniques,2007. 12(55):2727 – 2733.

[56] Corbella I,Torres F,Camps A,et al. MIRAS End – to – End Calibration:Application to SMOS L1 Processor[J]. IEEE Trans. Geoscience and Remote Sensing,2005,43(5):1126 – 1134.

[57] Vedrilla S R. Calibration validation and polarimetry in 2D aperture synthesis:application to MIRAS[D]. Universitat Politecnica de Catalunya(UPC),2005.

[58] McMullan K D,Brown M A,Martin – Neira M,et al. SMOS:The Payload[J]. IEEE Trans. Geoscience and Reomote Sensing,2008,46(3):594 – 605.

[59] Lemmetyinen J, Uusitalo J, Kainulainen J, et al. SMOS Calibration Subsystem[J], IEEE Trans. Geoscience and Remote Sensing,2008,46(3):3691 – 3700.

[60] Corbella I,Duffo N,Vall – llossera M,et al. The Visibility Function in Interferometric Aperture Synthesis Radiometry[J]. IEEE Trans. Geosci. Remote Sensing,2004,42(8):1677 – 1682.

[61] 李一楠,李浩,吕容川,等. SMOS 在轨定标概述[J]. 空间电子技术,2012,2:20 – 36.

[62] Le Vine D M,Griffis A J,Swift C T,et al. ESTAR:A Synthetic Aperture Microwave Radiometer for Remote Sensing Applications[J]. Proceedings of the IEEE,1994,82(12):1787 – 1801.

第7章

毫米波辐射无源探测新技术

7.1 引　言

　　毫米波辐射无源探测技术是涉及多学科交叉融合的新技术领域。在电子侦察、辐射测量、毫米波、微电子以及信号处理等诸多技术领域快速发展的推动下，毫米波辐射无源探测所涉及的新技术概念、技术体制也在经历着从萌芽到成长的快速发展阶段。

　　本书前面几章的论述给出了毫米波辐射无源探测技术的基本轮廓。本章在此基础上，分别从频段扩展、技术体制和处理方法等维度，对有关毫米波辐射无源探测的新技术发展方向进行了梳理和展望。其中，7.2 节介绍太赫兹辐射探测技术，7.3 节介绍超综合孔径成像技术体制，7.4 节介绍光处理技术在毫米波辐射探测中的应用。

7.2 太赫兹辐射探测技术

　　太赫兹波是指频率介于 $0.1 \sim 10\text{THz}(1\text{THz} = 10^{12}\text{Hz})$，波长介于 $30\mu\text{m} \sim 3\text{mm}$ 之间的电磁波，它介于毫米波与红外线之间，处于从电子学向光子学的过渡区。太赫兹频段在无线电物理领域称为亚毫米波，在光学领域则习惯称为远红外辐射。

　　由于太赫兹波所具有大带宽、强穿透性等优越特性，使得太赫兹技术在国土安全和军事领域具有巨大的应用潜力。自 20 世纪 90 年代初开始，世界各国加大了对太赫兹技术的研究力度，目前国际上有 130 多个研究机构从事相关技术的研究。经过多年的发展，大功率太赫兹波辐射源和高灵敏度探测技术的研究取得了很大的进展，太赫兹技术已开始应用于环境监测、生物医学、天文物理以及安全和军事等领域[1-6]，展示出很大的优势。例如，美国 JPL 实验室 2006 年报道了 0.6THz 的高分辨力雷达探测系统，是第一台具有高分辨力雷达测距能力的太赫兹成像系统。英国 Teraview 公司研制了 PI Image2000 型太赫兹检测仪（图 7.1），这是第一台实际应用的、能够在不破坏药片糖衣的前提下对药片质量进行无损检验的检测设备，实物如图 7.1 所示。

图 7.1　Teraview 公司研发的太赫兹检测仪（见彩图）

本节将主要针对太赫兹辐射探测技术及其应用进行介绍。

太赫兹辐射探测技术原理与毫米波辐射无源探测技术原理相似，二者都是仅通过接收物体自身辐射的热辐射信号，根据不同物质目标的辐射特性差异，实现对目标的探测成像。由于太赫兹波可以穿透纸箱、衣物、鞋子等发现藏匿的物体，而且安检重点关注的爆炸物、毒品等在太赫兹波段具有特征指纹谱，可望在探测的基础上识别其成分。另外，太赫兹辐射探测技术不主动发射太赫兹波，对被检查人员和操作人员无电离伤害。因此，太赫兹辐射探测技术在安检领域中具有较好的应用前景。图 7.2 给出了一种太赫兹辐射探测扫描成像系统示意图。

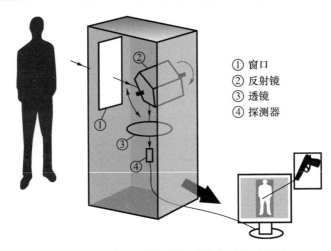

① 窗口
② 反射镜
③ 透镜
④ 探测器

图 7.2　太赫兹辐射探测扫描成像系统示意图

　　太赫兹辐射探测的基本过程如下:被检测的人体站在离系统一定距离处,系统的光机扫描器会控制一个多面体转镜,使其绕水平旋转轴高速稳定旋转,同时使其绕竖直摆动轴往复摆动,完成对被测人体的二维快速扫描。聚焦透镜将光机扫描器扫描而来的被测人体所辐射的太赫兹波汇聚到太赫兹探测器的信号输入端口。太赫兹探测器将接收到的太赫兹波转变为电压信号,通过数据处理部分进行采集与处理,并与光机扫描器所生成的同步信号相结合,在计算机中拼接出被测人体或目标的太赫兹图像。太赫兹接收器输出的电压信号与被测目标所辐射的太赫兹波的强弱呈线性变化。当被测人体身上藏有危险物品(如枪支,匕首等物品)时,由于危险物品与被测人体的太赫兹辐射特性不同,因此,在系统对人体扫描过程中,太赫兹探测器所接收到的太赫兹信号会存在变化差异。利用这种差异,实现对人体身上隐匿目标的无源探测。

　　基于太赫兹辐射探测技术,英国 ThruVision 公司研制了一款实时成像仪(型号 T4000),如图 7.3 所示。

图 7.3　T4000 设备实物照片[7](见彩图)

　　该设备主要由 8 个中心频率为 250GHz 的超外差式接收通道组成,其已经成功地应用于室内环境下对禁运品以及危险物品的检测,探测距离最远可达 10m,其在 3m 距离处的分辨力为 3cm,数据刷新率为 3 帧/s。T4000 可由 12V 的电池供电工作 3h,该仪器还可以通过无线局域网远程控制,其总质量为 32kg。图 7.4 给出了该太赫兹成像设备对藏有 4 包毒品人员的检测成像结果。图 7.4 中上方的成像结果为对 6m 处人员的检测结果,可以看出,4 包 0.5kg 的毒品可以清晰地成像,并且在被检测人员上衣口袋中的手机和钱包也能成像。图 7.4 中下方为对 10m 处人员的检测结果,4 包毒品仍然可以清晰地成像。

　　英国 Thru Vision 公司还研制了一款远距离(最远可达 100m 左右)的太赫兹辐射成像设备 T5000,实物如图 7.5 中虚线框中所示。

　　该设备在 T4000 的基础上安装了温控子系统(用于提高探测灵敏度)从而达到对远距离目标的检测。早期,T5000 的数据刷新率为 6 帧/s,得益于技术的

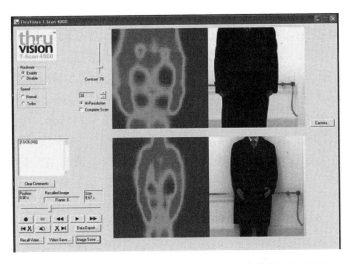

图 7.4　T4000 对人身上藏匿物品的检测成像结果（见彩图）

图 7.5　T5000 仪器实物照片[8]（见彩图）

发展以及探测器灵敏度的提高,现在的数据刷新率为 25 帧/s。T5000 有防水、放尘、防风设计,可由两块 24V 电池供电工作 1h。图 7.6 给出了该设备对公路上行驶的两辆汽车的成像结果(对应光学照片中的矩形框部分)。从图中可以看出,该设备能够对大约 100m 远处的车辆目标进行成像。

图 7.7 给出了 T5000 对一辆大约 15m 远处静止汽车的成像结果。从成像结果可以看出,该设备能够对汽车如车轮、车窗等细节进行较好的成像。

随着太赫兹技术和器件性能的不断提高,对太赫兹辐射探测技术的应用研究也逐渐深入,并取得不错的成果。总的来看,太赫兹辐射探测技术的研究和应用还处于快速发展之中,在基础器件、系统体制和重大典型应用拓展等方面还存

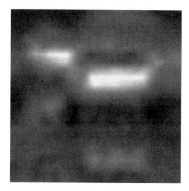

图 7.6　T5000 对公路上行驶车辆的成像结果(见彩图)

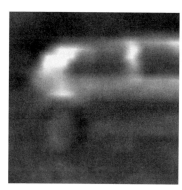

图 7.7　T5000 对静止车辆的成像结果(见彩图)

在大量的研究工作需要开展。

📉 7.3　超综合孔径成像技术

　　综合孔径阵列技术与传统的实孔径体制相比,在提高系统空间分辨力方面取得了很大的进展,然而综合孔径阵列为了实现空间高分辨力,必须增加天线阵元数目,虽然通过阵列稀疏去除基线冗余可以减小天线数目,但系统复杂度仍然较高[9,10]。为解决以上问题,日本学者 Komiyama 受射电天文领域甚长基线干涉测量(VLBI)理论的启发,提出了基于二元干涉仪的超综合孔径技术概念[11,12]。超综合孔径技术继承了综合孔径干涉测量的优点,利用运动的二元干涉仪实现对探测场景目标的高分辨成像。与传统的综合孔径成像技术相比,超综合孔径的基线一般是工作波长的几十倍至几百倍,故超综合孔径成像技术有较高的分辨力;另外,超综合孔径辐射计天线阵列简单,能够利用较少的天线阵元甚至只需要两阵元即可对目标进行成像。

超综合孔径技术原理如图 7.8 所示。假设目标位于坐标原点位置,两单元天线位于同一垂直平面内,基线长度为 d,基线与天线单元 2 的法线夹角为 α。

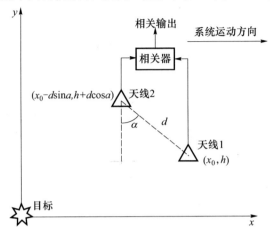

图 7.8　超综合孔径技术概念

对于点目标,双天线干涉测量输出表示为

$$V(x) = A(x)\exp\left\{\mathrm{j}\phi(x)\right\} \tag{7.1}$$

式中:$A(x)$ 为输出信号的幅度包络,其主要由系统天线的增益、传播衰减以及目标场景的辐射亮温有关;$\phi(x)$ 表示输出信号的相位,其表达式为

$$\phi(x) = \frac{2\pi d}{\lambda}\frac{h\cos\alpha - x\sin\alpha}{\sqrt{x^2 + h^2}}$$

$$= \frac{2\pi d}{\lambda}\frac{h\cos\alpha - vt\sin\alpha}{\sqrt{(vt)^2 + h^2}} \tag{7.2}$$

辐射计系统的相关输出信号的瞬时频率 $f(t)$ 表示为

$$f(t) = -\frac{d \cdot v}{\lambda \cdot h}\left|\left(\frac{v \cdot t}{h}\right)^2 + 1\right|^{-3/2}\left(\sin\alpha + \frac{v \cdot t}{h}\cos\alpha\right) \tag{7.3}$$

从式(7.3)可以看出,辐射计系统在匀速运动过程中对目标点源不同角度测得的可见度输出信号,在一定范围内可近似为线性调频信号。因此,可以借鉴合成孔径雷达中的匹配滤波方法实现顺轨方向的高分辨力。

基于这一原理,Komiyama 给出了二维超综合孔径成像技术设想[13,14],其几何模型如图 7.9 所示。

二维超综合孔径成像技术在顺轨方向上利用匹配滤波技术获得高分辨力,在交轨方向上则采用综合孔径技术,通过增加天线阵元数目、增大阵列口径来获得高分辨力性能。虽然该方法可实现对场景的二维成像,但是其在交轨方向上没能解决综合孔径天线阵列规模较大的问题。

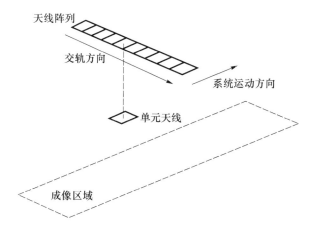

图 7.9　二维超综合孔径成像几何模型

为此,有研究者提出了一种更为通用的二维超综合孔径成像模型,称之为多普勒辐射计[15],二维多普勒辐射成像几何配置如图 7.10 所示。

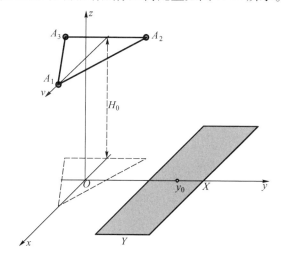

图 7.10　二维多普勒辐射成像模型

假设运动观测平台高度为 H_0,平台沿 x 轴方向以速度 v 匀速运动。在观测平台上设置三个天线 A_1、A_2、A_3,任意 t 时刻各天线坐标为 $A_1 = (D/2 + vt, 0, H_0)$,$A_2 = (-D/2 + vt, D, H_0)$,$A_3 = (-D/2 + vt, -D, H_0)$。显然,天线对 $A_1 - A_2$ 与天线对 $A_1 - A_3$ 可形成两条干涉基线,基线观测矢量分别为

$$(u_{12}, v_{12}) = (-D, +D)/\lambda$$
$$(u_{13}, v_{13}) = (-D, -D)/\lambda \tag{7.4}$$

式中:λ 为系统的工作波长。

假设成像场景中心点坐标为$(0,y_0,0)$,成像场景区域的长度和宽度分别为X、Y。对于成像场景内任意一像素点(x_p,y_p),设天线k和天线l接收到辐射信号分别为$s_k(t)$和$s_l(t)$,通道间采用类似于匹配滤波原理的完成互相关处理,在每一个通道中引入可变延迟来补偿指定像素点到天线k和l间传输时延差,如图7.11所示。

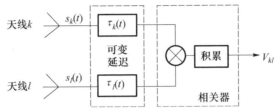

图 7.11　考虑时延补偿的互相关处理

对应的双天线互相关输出可表示为

$$V_{kl} = \frac{1}{2} \langle s_k(t-\tau_k(t)) s_l^*(t-\tau_l(t)) \rangle \tag{7.5}$$

式中:$\tau_k(t)$和$\tau_l(t)$分别为双通道处理的时延补偿分量。

若以目标的坐标(x_p,y_p)作为参考聚焦点,场景内其他任意一点坐标均可表示为$(x_p+\Delta x,y_p+\Delta y)$。对$A_1-A_2$与$A_1-A_3$两个天线对所接收到的目标辐射信号分别按照式(7.5)所示,以(x_p,y_p)作为参考聚焦点进行时延补偿与互相关处理后可得到V_{12}与V_{13}。定义Δr为任一像素点与参考点间的距离,即$\Delta r = \sqrt{\Delta x^2 + \Delta y^2}$,则两对基线干涉测量输出的乘积可表示为

$$\sqrt{V_{12}V_{13}} \approx kB\frac{\Omega_{\mathrm{pix}}}{\Omega_{\mathrm{ant}}}T_{\mathrm{B0}} \cdot \exp\left(-\frac{(y_0-\bar{y})}{Y^2}\right) \cdot \frac{\sqrt{\pi}X}{vT} \cdot \exp\left(-\frac{\Delta r^2}{\varepsilon^2}\right) \tag{7.6}$$

式中:k为玻耳兹曼常数;B为系统带宽;Ω_{pix}为成像区域内像素点面积对应的立体角;T_{B0}为成像区域内像素点辐射亮温;Ω_{ant}为系统单元天线的立体角;$\exp(-(y_0-\bar{y})/Y^2)$为系统单元天线方向图;$R_0 = \sqrt{H_0^2+y_0^2}$表示探测系统至场景中心点的斜距;$\varepsilon = R_0^3\lambda/(\pi y_0 DX)$。

从式(7.6)中可以看出,二维多普勒辐射成像输出响应是以参考聚焦点为中心的二维高斯函数。换句话说,系统对成像区域某一像素点的二维成像聚焦过程,等效于利用区域内各点至天线间相对距离差对信号时延进行二维匹配和补偿的过程,当系统时延补偿刚好等于目标点传播到天线的时延量时式(7.5)取得最大值。这一二维匹配的过程可采用可变延迟线或数字处理的方法实现。

根据式(7.6)给出的二维多普勒辐射成像系统响应,其二维空间分辨力为

$$\Delta\rho = \frac{8\ln2}{\pi} \frac{H_0}{\sin(2\theta)} \frac{d}{D} \tag{7.7}$$

式中：H_0 为系统高度；θ 为系统下视角；d 为单元天线口径；D 为干涉基线长度。显然，与 SAR 成像雷达类似，更小的单元天线口径（对应更长的积累时间）和更长的干涉基线对应更高的空间分辨力。当下视角 $\theta = 45°$ 时系统分辨力最高，$\Delta\rho \approx 1.77 H_0 d/D$。

二维多普勒辐射成像系统温度灵敏度为

$$\Delta T_{\text{sys}} = \frac{1}{2} \frac{T_{\text{sys}}}{\sqrt{\sqrt{2\pi B/v}}} \frac{\sqrt{XY}}{\varepsilon^2} \tag{7.8}$$

式中：T_{sys} 为系统的噪声温度。

有关二维多普勒辐射成像技术的详细理论推导及成像结果，有兴趣的读者可以参考文献[15]。此外，H. Park 等人[16] 对 Camps 提出的二维多普勒辐射成像方案进行了优化，采用 T 型阵来代替单元天线，通过增加天线的复杂度来改善成像质量，有兴趣的读者可以进一步深入研究。

总之，超综合孔径成像技术充分利用系统平台运动的特点，采用较少阵元数就能实现对目标的高分辨成像。与综合孔径成像技术相比，超综合孔径技术减少了阵元数，有效降低了系统的复杂度，因此在星载、机载对地海面目标的毫米波辐射成像方面具有较好的应用前景。

🔲 7.4　毫米波光处理技术

在毫米波辐射探测处理中，除了将毫米波信号下变频至中频进行传输处理的方法以外，将毫米波信号上变频至光载波频段，通过光学传输处理技术得到亮温图像也是一种可选的技术途径[17-20]。自 20 世纪末 P. M. Blanchard 等人提出可用于综合孔径毫米波辐射成像的光束形成技术以及光域直接成像技术后，基于光处理的毫米波辐射成像研究日趋火热。2004 年，A. Schuetz 等人提出了基于电光调制的被动毫米波成像技术[17]，分析了电光调制过程中毫米波信号向调制后的边带信号的转移，并搭建了单天线的相位保持实验装置进行进一步的研究，验证了电光调制过程中的毫米波相位信息的转移，如图 7.12 所示。

而后，随着综合孔径技术的逐渐成熟，上述电光调制成像技术开始应用于多天线阵列系统中。2010 年，T. E. Dillon 等人建立了综合孔径成像系统[18]，将 32 路天线排列在两个不同大小并共心的六边形上，如图 7.13 所示，进行了成像研究。同时还对扩展光源进行了成像并与模拟结果进行了比较，发现两者之间相似度很高。这是首次二维基于电光调制的被动毫米波综合孔径实验，同时也将成像源从点源推广到展源。

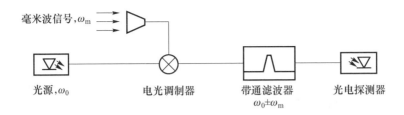

图 7.12　基于电光调制的毫米波无源成像示意图[17]

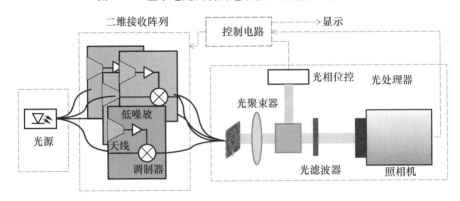

图 7.13　电光调制的毫米波综合孔径无源成像[18]（见彩图）

基于电光调制的毫米波综合孔径无源成像处理过程如图 7.14 所示。

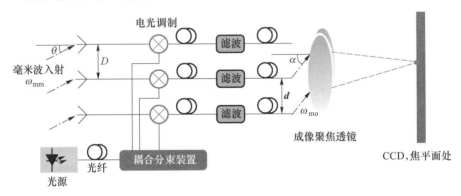

图 7.14　毫米波综合孔径无源成像光处理过程（见彩图）

激光器发出的单频光信号通过一个 $1/N$ 的光束分离器,分成 N 束相干的光信号,这些光信号作为载波信号被分别耦合进 N 个电光调制器。每个电光调制器均通过射频波导和一个毫米波天线连通。N 个小孔径天线依据最小冗余空间频率覆盖、最佳成像质量等规则排列成稀疏孔径阵列。毫米波天线阵列接收的毫米波信号,经波导传输送入电光调制器中实现相位或幅度调制上变频至光域。

经过调制的信号（包括载波信号和上下两个边带信号）进入光纤传输,之后经滤波进行光载波抑制以及单边带提取等光信号处理。随后在光纤末端阵列，滤波后的光束经透镜聚焦，最后在探测器阵列上成像。图 7.14 中 D 是毫米波天线的间距，d 是准直透镜之间的距离。为了保证把毫米波信号信息能准确地转换到光信号上，光纤阵列必须按照一定的缩放比例 β 与毫米波天线阵列的排列相一致

$$\beta = \frac{\omega_{op} d}{\omega_{mm} D} \tag{7.9}$$

式中：ω_{mm} 为毫米波角速度，ω_{op} 为光载波角速度。

由图 7.14 中可以看出，当毫米波以输入角 θ 进入天线时，由于两天线之间距离为 D，所以由此引发的相位差为 $\omega_{mm} \cdot D\sin\theta/c$，式中 c 为毫米波在传播介质中的传播速度。同理，若光纤阵列端出射光信号与透镜夹角为 α，两光纤之间距离为 d，则从光纤到透镜引发的相位差为 $\omega_{op} \cdot d\sin\alpha/c$，若要两束光在聚焦后相干达到最大值，则 $\omega_{mm} \cdot D\sin\theta/c \pm \omega_{op} \cdot d\sin\alpha/c = 2k\pi$（$k$ 为整数），取 0 级光斑处（$k=0$，此处光强最大），那么就有 $\omega_{mm} \cdot D\sin\theta/c = \omega_{op} \cdot d\sin\alpha/c$。由式（7.9）可得，$\sin\alpha = \sin\theta/\beta$。当 $\beta=1$ 时，$\alpha=\theta$，则图像角度与目标角度一致；否则，$\alpha \neq \theta$，则图像角度需要校正后才能与目标角度完全对应。

不同位置的点源经过这个系统成像，在像面所对应的像点位置也不同，这就说明通过图 7.14 所示的光处理系统来完成被动毫米波成像是可行的。值得注意的是，每个位置除了能量主峰以外，还会有少量的能量旁瓣在周边分布，这是光强干涉叠加不可避免的现象，会导致成像出现边缘模糊化，如图 7.15 所示。进一步抑制旁瓣能量，可通过增加光纤通道数目以扩大光纤阵列填充因子的方式来实现。当然，这一措施势必增加系统的复杂性和成本，需要结合应用综合考虑取得平衡点。

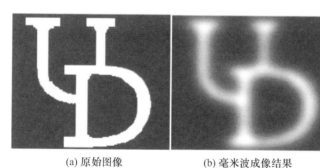

(a) 原始图像　　　　　　　(b) 毫米波成像结果

图 7.15　基于光处理的毫米波辐射成像

近几年来，国内对基于电光调制的被动毫米波综合孔径成像的研究也投以越来越多的关注，中国科学院空间中心、北京航空航天大学以及浙江大学均对其

进行了相关研究。例如对天线阵列运用模拟退火算法以及遗传算法进行优化设计[19]、分析了基于电光调制的成像系统并进行成像实验[20]。

总体来看，目前对基于电光调制的毫米波无源成像技术研究还处于起步阶段，许多关键技术仍需要进一步的研究和验证，例如结合了成像算法和相位校正技术的天线阵列优化，对阵列系统的相位误差测量和校正方法等。有理由相信，随着微波光子技术的快速发展，光处理技术在毫米波辐射探测中将得到越来越广泛的应用。

参考文献

[1] 郑新,刘超.太赫兹技术的发展及在雷达和通讯系统中的应用[J].微波学报,2011, 27 (1):1-5.

[2] 李福利,任荣东,王新柯,等.太赫兹辐射原理与若干应用[J].激光与红外,2006, 36(增刊):785-791.

[3] 陈晗.太赫兹波技术及其应用[J].中国科技信息,2007, (20): 274-275.

[4] 张怀武.我国太赫兹基础研究[J].中国基础科学,2008, (1): 15-19.

[5] 胡永生,陈钱.太赫兹技术及其应用研究的进展[J].红外,2006, 27(1):11-15.

[6] 张馨,赵源萌,邓朝,等.被动式太赫兹图像目标检测研究[J].光学学报,2013, 33(2): 0211002-1-0211002-6.

[7] Mann C. A compact real time passive Terahertz imager[C]. Orlando, FL. USA; Proc. of SPIE 6211:Passive Millimeter-wave Imaging Technology Ⅸ, 2006, 62110E-62110E-5.

[8] Mann C. First demonstration of a vehicle mounted 250GHz real time passive imager[C]. Proc. of SPIE, 2009, 73110Q-73110Q-7.

[9] 孙春芳.超综合孔径微波辐射成像方法研究[D].华中科技大学,2013.

[10] 黄全亮,孙春芳,李召阳,等.超综合孔径辐射计系统研究[J].系统工程与电子技术, 2013, 35(7):1385-1388.

[11] Komiyanma K. High resolution imaging by super synthesis radiometer(SSR) for the passive remote sensing of the earth[J]. Electronics Lett. 1991, 27(14):389-390.

[12] Komiyama K. Supersynthesis radiometer for passive microwave imaging[C]. Int. GRS Sy. (IGARSS), 1992, 2:1417-1419.

[13] Komiyama K, Kato Y,Iwasaki T. Indoor experiment of two-dimensional super synthesis radiometer[C]. Pasadena, CA,USA:IEEE, Int. GRS. Sy. (IGARSS), 1994, 3:1329-1331.

[14] Komiyama K,Kato Y. Two dimensional super synthesis radiometer for field experiment[C]. Firenze,Italy:IEEE,Int. GRS Sy. (IGARSS95) 1995.

[15] Camps A J, Swift C T. A Two-Dimensional Doppler-Radiometer for Earth Observation[J]. IEEE Trans. Geosci. Remote Sensing, 2001, 39(7):1566-1572.

[16] Park H,Kim Y H. Improvement of a Doppler-Radiometer Using a Sparse Array[J]. IEEE Geosci. Remote Sensing Letts, 2009, 6(2):229-233.

［17］Schuetz C A, Prather D W. Optical upconversion techniques for high – sensitivity millimeter – wave detection［J］. London, UK: Proc. of SPIE 5619: Passive Millimetre – wave and Terahertz Imaging and Technology, 2004, 56(19):166 – 174.

［18］Dillon T E, Schuetz C A, Martin R D, et al. Passive Millimeter Wave Imaging Using a Distributed Aperture and Optical Upconversion. Millimetre Wave and Terahertz Sensors and Technology［C］. Toulouse, France: Proc. of SPIE 7837: Millimetre wave and Terahertz Sensors and Technology Ⅲ, 2010, 7837: 78370H.

［19］何云涛, 江月松, 王长伟. 电光调制在被动综合孔径成像探测中的应用［J］. 光学学报, 2008, 28(6):1201 – 1209.

［20］Zhang Y, Jiang Y, Guo J. Application of millimeter – wave photonics technology in passive millimeter – wave imaging［C］. Beijing, China: Proc. of SPIE 7854: Infrared, Millimeter Wave and Terahertz Technologies, 2010, 7854(1): 202 – 206.

主要符号表

A	面积
a	大气温度变化系数，信号幅度
B	带宽
c	光速
D	天线方向性系数
D_a	天线孔径尺寸或基线长度
d	阵列天线中单元间距
e	发射率
F	辐射强度
$F_B(\theta)$	干涉仪带宽方向图(消条纹函数)
$F_a(\theta)$	阵列天线方向图
F_n	接收机噪声系数
$F_n(\theta,\phi)$	天线辐射强度空间分布
$F_n(\theta,\varphi)$	接收天线方向图
f	频率
f_{IF}	接收机中频频率
f_{LO}	接收机本振频率
f_{RF}	接收机射频频率
f_0	中心频率
f_c	载波频率
f_d	多普勒频率
f_s	采样频率
G	增益
H	高度
h	普朗克常数
I	亮度
I_f	谱亮度
k	玻耳兹曼常数，比例常数，衰减系数

N_b	A/D 量化噪声功率
N_v	非冗余基线个数
P	功率
	大气压强
P_{o-1}	接收机 1dB 增益压缩点输出功率
Q	A/D 量化电平
R	距离
S	功率密度
S_{min}	接收机最小可检测信号功率(即系统灵敏度)
T	热力学温度
T_A	天线辐射测量温度(简称天线温度)
T'_A	天线噪声温度
T_{AP}	视在温度
T_B	亮度温度(简称亮温)
T_R	接收机噪声温度
T_{REF}	参考负载噪声温度
T_c	液氮沸点温度
T_{sys}	系统噪声温度
$V(u,v)$	可见度函数
v	速度
w_v	水滴密度
α	吸收率
γ	透射率
$\Delta\theta_{3dB}$	天线半功率(3dB)波束宽度
$\Delta\theta_{null}$	天线零点波束宽度
$\Delta\phi$	相位误差,相位差
$\Delta\rho$	空间分辨力
$\Delta\lambda$	波长误差
ΔG	增益波动
Δf	频率差
ΔT_{AP}	目标与环境的视在亮温差(即波束平滑亮温差)
ΔT_B	目标与环境的亮温差
ΔT_{sys}	系统温度灵敏度(分辨力)
$\delta(t)$	冲击函数
η	效率

η_{L}	天线辐射效率
η_{a}	天线孔径效率
η_{fill}	目标波束占空比
θ	方向角
θ_n	不模糊测角范围(视场范围)
λ	波长
ρ	反射率
ρ_{a}	大气密度
σ_θ	角度精度
τ	积累时间,时延量
ϕ/φ	方向角,相位
Ω	立体角
ω	角速度

缩略语

A/D	Analog to Digital Converter	模/数转换器
ALMA	Atacama Large Millimeter/submillimeter Array	阿塔卡马射电望远镜
AMSU	Advanced Microwave Sounding Unit	先进微波探测单元
CCU	Correlator and Control Unit	相关器与主控单元
CMN	Control and Monitoring Node	监控节点
DBF	Digital Beam Forming	数字波束形成
DDC	Digital Down Converter	数字下变频
DFT	Discrete Fourier Transform	离散傅里叶变换
DLR	Deutsches Zentrum für Luftund Raumfahrt	德国宇航中心
DR	Dynamic Range	动态范围
DSB	Double Sideband	双边带接收机
ENOB	Effective Number of Bits	有效位数
ESTAR	Electronically Scanned Thinned Array Radiometer	电扫稀疏阵列辐射计
FFT	Fast Fourier Transform	快速傅里叶变换
FOV	Field of View	视场范围
GeoSTAR	Geostationary Synthetic Thinned Aperture Radiometer	地球静止轨道综合孔径辐射计
GIWS	Gesellschaft für Intelligente Wirksysteme	德国智能弹药系统公司
HFFT	Hexagonal Fast Fourier Transform	六边形快速傅里叶变换
LICEF	Lightweight Cost – Effective Front – Ends	轻量化低功耗接收前端
LPI	Low Probability of Intercept	低截获概率
MIRAS	Microwave Imaging Radiometer	综合孔径微波成像

	by Aperture Synthesis	辐射计
MMIC	Monolithic Microwave Integrated Circuit	单片微波集成电路
MPM	Millimeter – Wave Propagation Model	毫米波传播模型
MRLA	Minimum Redundancy Linear Array	最小冗余线阵
NASA	National Aeronautics and Space Administration	(美国)国家航空航天管理局
NDFT	Non – uniform Discrete Fourier Transform	非均匀离散傅里叶变换
NF	Noise Figure	噪声系数
NIR	Noise – Injection Radiometer	噪声注入式辐射计
NOAA	National Oceanic and Atmospheric Administration	(美国)国家海洋和大气管理局
NUFFT	Non – Uniform Fast Fourier Transform	非均匀快速傅里叶变换
PMS	Power Measurement System	功率测量设备
PSF	Point Spread Function	点扩散函数
RCS	Radar Cross Section	雷达散射截面积
RRCS	Radiometer Radiation Cross Section	辐射计辐射截面积
SAR	Synthetic Aperture Radar	合成孔径雷达
SFDR	Spurious Free Dynamic Range	无杂散动态范围
SKA	Square Kilometer Array	平方千米阵列
SMOS	Soil Moisture and Ocean Salinity	土壤湿度和海水盐度
SNR	Signal to Noise Ratio	信噪比
SSB	Single Sideband	单边带接收机
TSVD	Truncated Singular Value Decomposition	截断奇异值分解
VLBI	Very Long Baseline Interferometry	甚长基线干涉测量
VLSI	Very Large Scale Intergration	超大规模集成电路

图 1.1　宇宙背景微波辐射图像

图 1.2　光学图像和毫米波辐射图像

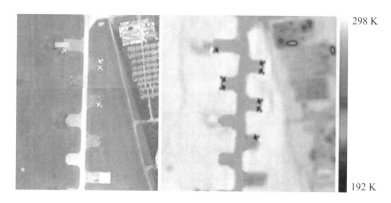

图 1.3　实孔径毫米波辐射计扫描成像结果

(a) MIRAS 系统实物　　　　　　　　(b) GeoSTAR 地面样机实物

图 1.5　综合孔径辐射计

(a) SKA抛物面天线阵列设想图

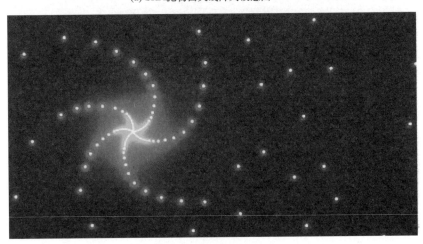

(b) SKA阵列螺旋臂构造分布示意

图 1.6　平方千米阵列射电望远镜

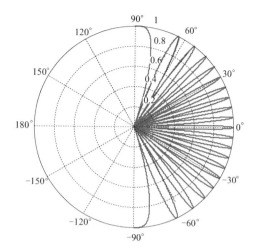

图 2.10　条纹方向图

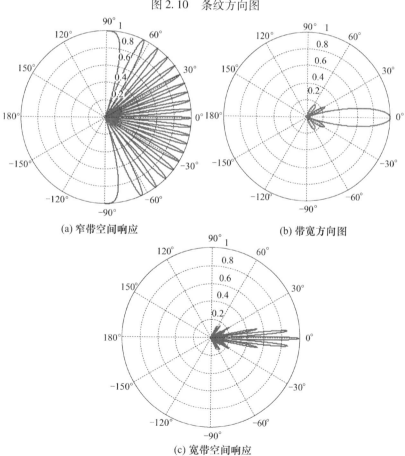

(a) 窄带空间响应

(b) 带宽方向图

(c) 宽带空间响应

图 2.11　双通道干涉式辐射计对宽带点源的空间响应

图 3.4　W 波段卡塞格伦天线

图 3.5　W 波段透镜喇叭天线

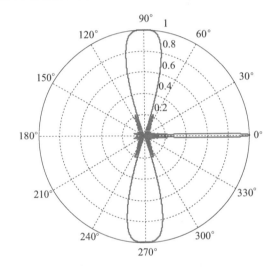

图 3.9　均匀线阵方向图(16 元,$d = \lambda$)

图 3.27　ALMA 的数字相关器处理设备[14]

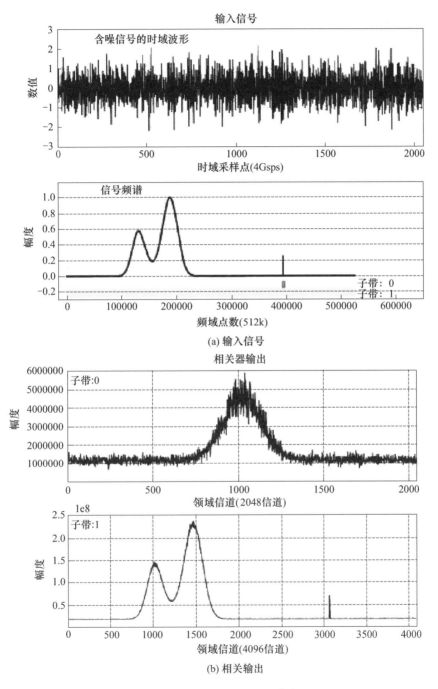

图 3.28　FX 相关处理结果[14]

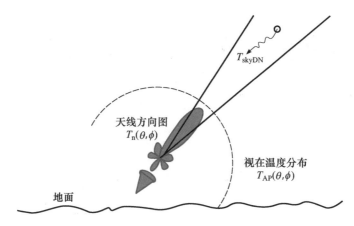

图 4.1 天空的毫米波辐射观测模型示意图

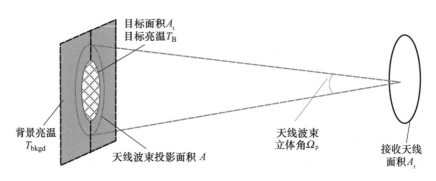

图 4.5 毫米波辐射目标探测示意图

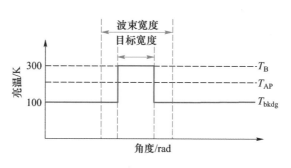

图 4.6 波束平滑效应

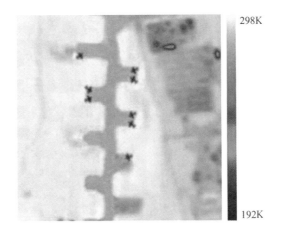

图 4.7 毫米波辐射成像结果[17]

图 5.5 圆锥式扫描工作示意图

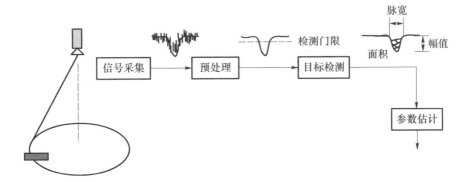

图 5.8 目标探测信号处理过程

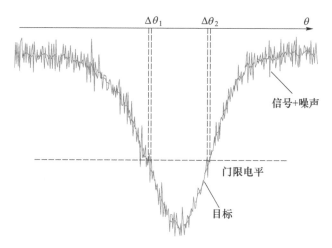

图 5.11　目标检测及测角原理示意图

图 5.16　德国 SMART 末敏弹

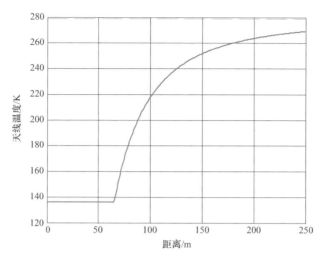

图 5.19　不同高度条件下天线温度

图 5.20　90GHz 对人体携带隐匿物品成像结果[18]

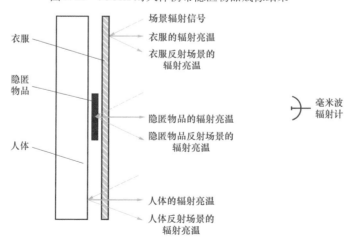

图 5.21　人体隐匿物品毫米波被动成像原理

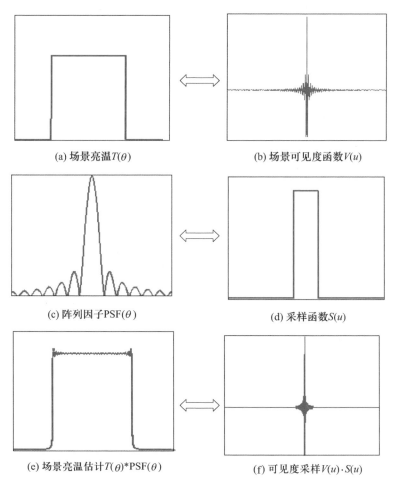

(a) 场景亮温$T(\theta)$　　(b) 场景可见度函数$V(u)$

(c) 阵列因子PSF(θ)　　(d) 采样函数$S(u)$

(e) 场景亮温估计$T(\theta)*PSF(\theta)$　　(f) 可见度采样$V(u)\cdot S(u)$

图 6.2　辐射亮温的重建示意图

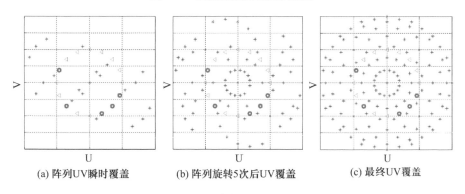

(a) 阵列UV瞬时覆盖　　(b) 阵列旋转5次后UV覆盖　　(c) 最终UV覆盖

图 6.5　UV 分布分时测量原理

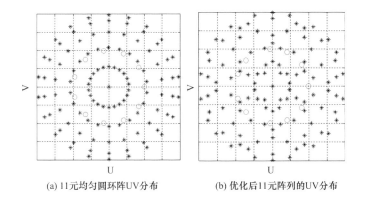

(a) 11元均匀圆环阵UV分布 (b) 优化后11元阵列的UV分布

图 6.6 圆环阵优化前后 UV 覆盖对比

交错Y形阵天线排布

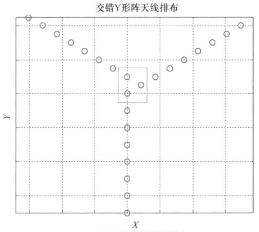

(a) 交错Y形阵天线排布

UVsampling

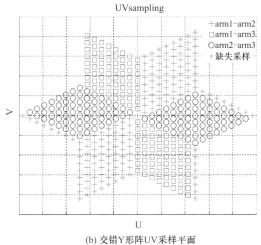

(b) 交错Y形阵UV采样平面

图 6.7 交错 Y 形阵结构及 UV 分布

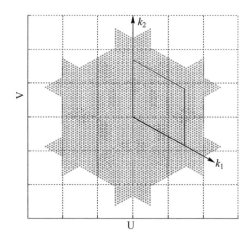

图 6.8　周期扩展后的空频域采样平面与 $k_1 - k_2$ 坐标系

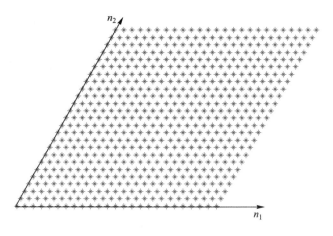

图 6.9　FFT 变换后的空域采样平面与 $n_1 - n_2$ 坐标系

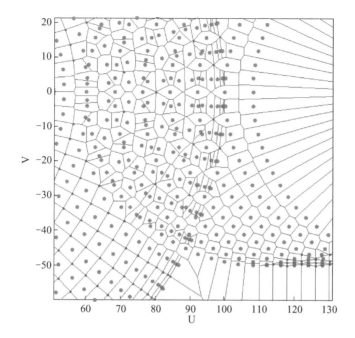

图 6.11　非均匀 UV 采样点及其 Voronoi 划分图

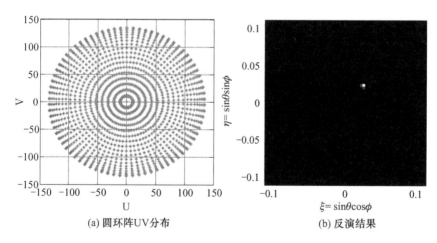

(a) 圆环阵UV分布　　　　(b) 反演结果

图 6.12　均匀圆环阵的 NUFFT 反演方法仿真结果

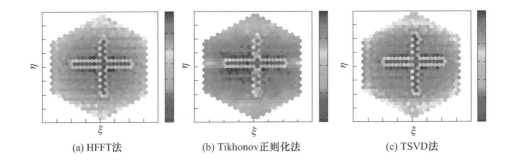

(a) HFFT法   (b) Tikhonov正则化法   (c) TSVD法

图 6.14 综合孔径交错 Y 形阵列反演结果

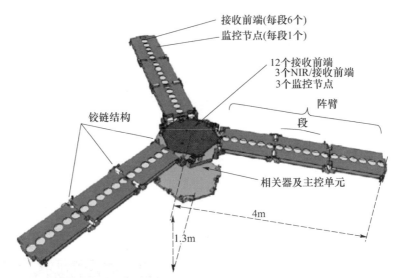

(a) MIRAS系统结构组成

(b) MIRAS系统实物照片

图 6.22 MIRAS 系统组成及实物照片[58]

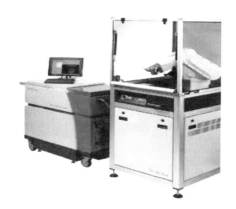

图 7.1 Teraview 公司研发的太赫兹检测仪

图 7.3 T4000 设备实物照片[7]

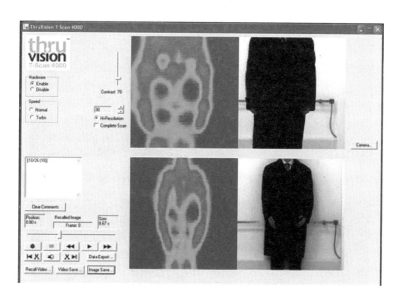

图 7.4 T4000 对人身上藏匿物品的检测成像结果

图 7.5　T5000 仪器实物照片[8]

图 7.6　T5000 对公路上行驶车辆的成像结果

图 7.7　T5000 对静止车辆的成像结果

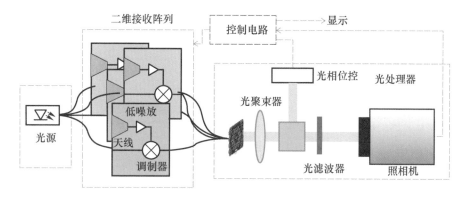

图 7.13 电光调制的毫米波综合孔径无源成像[18]

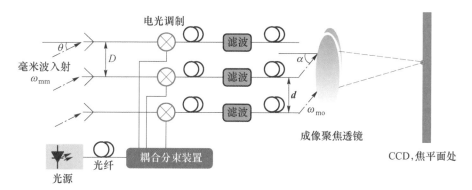

图 7.14 毫米波综合孔径无源成像光处理过程